PowerMill 数控加工编程理实一体化项目教程

主　编：马晓艳　李东福　曹　伟
副主编：李　强　张　萍　王　冰　刘凤景
　　　　王丽君　崔亚男　王德兰
参　编：常雪莲　段　斐　刘　丽　孔　磊
　　　　潘　强　娄镜浩

北京理工大学出版社
BEIJING INSTITUTE OF TECHNOLOGY PRESS

内 容 简 介

本教材对接职业标准和岗位要求，反映产业技术升级，是一本行业特点鲜明的职业教育教材和高质量的实践指导教材。

面向数控机床操作岗位，对接专业教学标准、职业标准、1＋X 职业技能等级标准，将各标准融入教材，实现岗课赛证融通。每个任务按照"项目导入→项目目标→项目任务→项目分析→项目实施"等过程进行实施，将"教、学、做"有机地融为一体，让学生在完成学习任务过程中，体验工作过程，从而达到培养职业能力和提高职业素养的目的，使学生学会工作，学会做事。

本教材开发了 7 个项目，分别是初识 PowerMill 编程软件、PowerMill 操作入门、常用加工策略、刀具路径编辑、典型零件编程加工、配合件的编程加工、带孔零件的编程加工。在内容安排上，遵循学习 CAM 软件的特点，先学习软件基础，认识操作界面和零件加工流程，了解 PowerMill 的加工策略以及刀具路径的编辑功能；再进行提升实战。

本书可供高等院校、高职院校、成人高校及民办高校工科数控类学生使用，也可供从事相关专业的技术人员和自修人员参考。

版权专有　侵权必究

图书在版编目（C I P）数据

PowerMill 数控加工编程理实一体化项目教程／马晓艳，李东福，曹伟主编. －－北京：北京理工大学出版社，2023.6

ISBN 978－7－5763－2427－3

Ⅰ．①P… Ⅱ．①马… ②李… ③曹… Ⅲ．①数控机床－加工－计算机辅助设计－应用软件－教材 Ⅳ．①TG659－39

中国国家版本馆 CIP 数据核字（2023）第 096696 号

责任编辑：钟　博		**文案编辑**：钟　博	
责任校对：周瑞红		**责任印制**：李志强	

出版发行／北京理工大学出版社有限责任公司

社　　址／北京市丰台区四合庄路 6 号

邮　　编／100070

电　　话／（010）68914026（教材售后服务热线）

　　　　　　（010）68944437（课件资源服务热线）

网　　址／http://www.bitpress.com.cn

版 印 次／2023 年 6 月第 1 版第 1 次印刷

印　　刷／河北盛世彩捷印刷有限公司

开　　本／787 mm×1092 mm　1/16

印　　张／13

字　　数／287 千字

定　　价／69.00 元

前　言

　　制造业是立国之本、强国之基。"十四五"规划纲要将"深入实施制造强国战略"独立成章，并提出"保持制造业比重基本稳定"，开启了我国从制造大国向制造强国迈进的新征程，释放出巩固和壮大实体经济根基、推动高质量发展的清晰信号。如今我国已成为世界第一大工业国、全球唯一一个拥有联合国产业分类中全部工业门类的国家，"中国制造"撑起大国脊梁，昂首走向世界。教育、科技、人才是全面建设社会主义现代化国家的基础性、战略性支撑。推动高质量发展，必须坚持科技是第一生产力、人才是第一资源、创新是第一动力。

　　PowerMill 软件是独立运行的、智能化程度最高的三维复杂形体加工 CAM 软件。其CAM 系统与 CAD 分离，在网络下实现一体化集成，更能适应工程化的要求，代表着CAM 技术最新的发展方向。

　　本书的特点如下。

　　（1）采用新版软件。为了紧跟软件技术的更新迭代速度，本书使用 PowerMill 2020版本。新版软件无论是在界面的友好性上还是功能上都有很大的提升，能够更紧密地对接企业实际应用。

　　（2）调整教学内容。本书采用职业教育项目化教材结构进行编写，融入企业真实案例，遵循学生认知规律，按照由单一零件的编程加工到复杂配合件的编程加工的顺序进行讲解，从而培养学生知行合一的实践精神、勇于探索的守正创新精神。

　　（3）具有实训模块。本课程在学生学习自动编程和数控加工后开设，学生具有编程加工的基础，能够熟练操作机床。复杂零部件需要采用自动编程的方式设计，根据生成的后处理程序是否能够加工出合格的零件，需要在机床上进行验证，通过实操加工验证，可使学生进一步理解软件设置的各加工参数对加工质量的影响，掌握编程技巧，从而培养学生精益求精的工匠精神、善于解决问题的锐意进取精神。

　　全书共分为七个项目，由烟台汽车工程职业学院李东福编写项目六，由曹伟编写项目四、项目五，由马晓艳编写项目七，由李强编写项目三，由张萍编写项目二，由王冰编写项目一，刘凤景、烟台禧辰软件有限公司总经理潘强、烟台浩林机电设备有限公司总经理娄镜浩进行技术工艺指导，王丽君、崔亚男、王德兰、常雪莲、段斐、刘丽、孔磊进行资源搜集与整理。

　　本书配有精心制作的教学课件、素材和实例视频，读者可以扫描观看。

在本书编写过程中，编者参阅了国内外同行的资料并搜集了大量网络资源，特别感谢各位任课老师、实训指导教师的宝贵意见和反馈。由于编者水平有限，书中难免存在不妥之处，敬请广大读者批评指正，在此表示衷心的感谢！

编　者

目　录

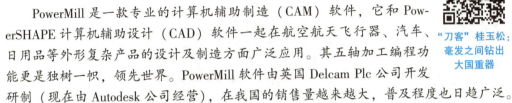

项目一　初识 PowerMill 编程软件

项目导入

PowerMill 是一款专业的计算机辅助制造（CAM）软件，它和 PowerSHAPE 计算机辅助设计（CAD）软件一起在航空航天飞行器、汽车、日用品等外形复杂产品的设计及制造方面广泛应用。其五轴加工编程功能更是独树一帜，领先世界。PowerMill 软件由英国 Delcam Plc 公司开发研制（现在由 Autodesk 公司经营），在我国的销售量越来越大，普及程度也日趋广泛。

随着我国 CAD/CAM 的发展，特别是《中国制造 2025》纲要实施以来，高端制造技术日益受到广大企业的重视，用好多轴机床是实现高端制造的关键，购买和拥有高端五轴机床的企业越来越多，企业和社会上急需培训出一大批精通多轴数控编程技术的工程技术人员，因此掌握 PowerMill 软件的使用十分重要。

"刀客"桂玉松：毫发之间钻出大国重器

《大国工匠·匠心报国》曹彦生：为导弹"雕刻"翅膀

项目目标

★知识目标

（1）了解常用的数控编程软件及其特点；

（2）了解 PowerMill 软件的启动及模型输入方法；

（3）了解 PowerMill 软件的操作界面及工具栏；

（4）了解鼠标和键盘按键在 PowerMill 软件中的应用。

★技能目标

（1）能够启动 PowerMill 软件和输入模型；

（2）能够简单调整模型的显示样式（普通阴影、线框）和视角；

（3）能够熟练运用鼠标和键盘按键选取图素，旋转、缩放与移动模型；

（4）能够根据需要自定义 PowerMill 软件的背景色。

★素质目标

（1）培养学生知行合一的实践精神；

（2）培养学生勇于探索的守正创新精神；

（3）培养学生善于解决问题的锐意进取精神；

（4）培养学生不怕苦、不怕累的劳动精神。

项目任务

首先，打开 PowerMill 软件，从软件自带的模型库中输入名称为"phone. dgk"的模型（位于软件根目录"file\examples"下），其效果如图 1 - 1 所示。

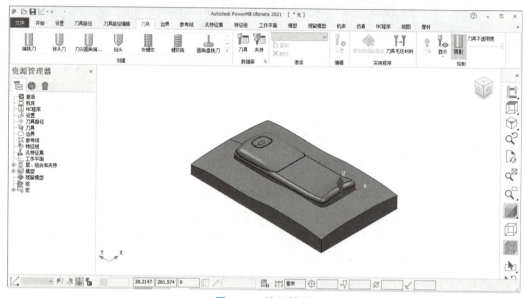

图 1 - 1　输入模型

然后，对输入的模型进行观察，并用鼠标进行选取操作，选取结果如图 1 - 2 所示。

图 1 - 2　选取结果

项目分析

PowerMill 是一套专业的 CAM 软件，通过掌握 PowerMill 软件的特点、PowerMill 软件的启动及模型输入、操作界面及工具栏对手机模型进行查看。完成上面的学习任务共需要 4 个步骤，如表 1 - 1 所示。

表 1 - 1   初识 PowerMill 编程软件学习步骤

任务实施步骤	名称
步骤 1	熟悉 PowerMill 软件的功能
步骤 2	启动 PowerMill 软件并熟悉操作界面
步骤 3	输入和输出模型
步骤 4	使用鼠标和键盘按键选取曲面

项目实施

步骤 1   熟悉 PowerMill 软件的功能

PowerMill 是英国 Delcam Plc 公司出品的一款功能强大、加工策略丰富的数控加工编程软件，其主要性能有以下几个方面。

（1）PowerMill 具备完整的加工方案，对预备加工模型无须人为干预，对操作者无经验要求，编程人员能轻松完成工作，以便专注其他重要事情。PowerMill 同时也是 CAM 软件中具有代表性的、增长率较高的加工软件。

（2）PowerMill 可以接收不同软件系统所产生的三维模型，让使用众多不同 CAD 软件系统的厂商不用重复投资。

（3）PowerMill 是独立运行的、智能化程度最高的三维复杂形体加工 CAM 软件。其 CAM 系统与 CAD 分离，在网络下实现一体化集成，更能适应工程化的要求，代表 CAM 技术最新的发展方向。PowerMill 与当今大多数曲面 CAM 系统相比拥有无可比拟的优越性。

（4）在实际生产过程中设计（CAD）与制造（CAM）地点不同，侧重点也不同。当今大多数曲面 CAM 系统在功能及结构上属于混合型 CAD/CAM 系统，无法满足设计与制造相分离的结构要求。PowerMill 实现了设计与制造分离，并在网络下实现系统集成，更符合生产过程的自然要求。

（5）PowerMill 的操作过程完全符合数控加工的工程概念，可对实体模型进行全自动处理，实现了粗、精、清根加工编程的自动化。编程操作的难易程度与零件的复杂程度无关，CAM 操作人员只要具备加工工艺知识，只需 2~3 天的专业技术培训，便可对非常复杂的模具进行数控编程。

（6）PowerMill 的 Batchmill 功能使操作人员可以根据工艺文件全自动编程，为今后 CAD/CAPP/CAM 一体化集成打下了基础。

综上可知，PowerMill 的特点可总结如下。

（1）系统易学易用，可以提高 CAM 系统的使用效率；

（2）计算速度快，可以提高数控编程的工作效率；

（3）优化刀具路径，可以提高加工中心的切削效率；

（4）支持高速加工，可以提高贵重设备的使用效率；

（5）支持多轴加工，可以提高企业技术的应用水平；

（6）先进加工模拟，可以降低加工中心的试切成本；

（7）无过切与碰撞，可以减少加工事故的费用损失。

> **提示**
>
> 　　随着科技的进步，对于三维数控编程一般较少采用手工编程，而使用商品化的 CAD/CAM 软件。CAD/CAM 是计算机辅助编程系统的核心，其主要功能有：数据的输入/输出、加工轨迹的计算及编辑、工艺参数设置、加工仿真、数控程序后处理和数据管理等。
>
> 　　目前，在我国深受用户欢迎的功能强大的数控编程软件有 Mastercam、UG、Cimatron、PowerMill、CAXA 等。这些软件在数控编程的原理、图形处理方法及加工方法方面大同小异，但各有特点。因为每种软件都不是十全十美，所以对于用户来说，不但要学习它们的长处，还要深入了解它们的短处，这样才能应用自如。常用 CAM 数控编程软件及其特点如表 1-2 所示。

表 1-2　常用 CAM 数控编程软件及其特点

Mastercam	概述	Mastercam 是美国 CNC Software Inc 公司开发的一款基于 PC 平台的 CAD/CAM 软件，最新版本为 Mastercam X8
	优点	研发团队开发加工功能的历史悠久；Mastercam 能及时推出各种新的加工功能；Mastercam 对系统运行环境要求较低；Mastercam 可以实现 DNC（即直接数控，指用一台计算机直接控制多台数控机床，其技术是实现 CAD/CAM 的关键技术之一）加工；利用 Mastercam 的 Communic 功能进行通信，可以不必考虑数控机床的内存不足问题
	缺点	功能没有 UG、Pro/E 及 SolidWorks 强大；新功能有时不够稳定
Cimatron	概述	Cimatron 是以色列 Cimatron 软件公司开发的一款世界著名的 CAD/CAM 软件，它针对模具制造行业提供了全面的解决方案。Cimatron 是一款集成的 CAD/CAM 产品，在一个统一的系统环境下，使用统一的数据库，用户可以完成产品的结构设计、零件设计，输出设计图纸，可以根据零件的三维模型进行手工或自动的模具分模，再对凸、凹模进行自动的 NC 加工，输出加工用的 NC 代码
	优点	可进行基于知识的加工；可进行基于毛坯残留的加工；实现完整意义上的刀具载荷的分析与速率调整优化；功能丰富、完善；可进行安全和高效的高速铣削加工
	缺点	在模具加工中自动化功能有待完善和发展
PowerMill	概述	PowerMill 是一款独立运行的世界领先的 CAM 软件，它是 Delcam Plc 公司的核心多轴加工产品。PowerMill 可通过 IGES、VDA、STL 和多种不同的专用直接接口接收来自任何 CAD 系统的数据
	优点	刀路稳定；五轴高速加工功能强大；计算速度较快，支持多个程序的并行计算；为使用者提供了极大的灵活性。
	缺点	添加辅助线或辅助面不太方便

CAXA	概述	CAXA 是由 C—Computer（计算机），A‑Aided（辅助的），X（任意的），A‑Alliance、Ahead（联盟、领先）4 个字母组成的，其含义是"领先一步的计算机辅助技术和服务"（Computer Aided X Alliance—Always a Step Ahead）。它是依托北京航空航天大学的科研实力，由北京北航海尔软件公司开发的中国第一款完全自主研发的 CAD 产品
	优点	按照中国人的思维方式和操作习惯设计，易学易用
	缺点	普及程度不高

步骤 2　启动 PowerMill 软件并熟悉操作界面

双击 Windows 桌面上的"Autodesk PowerMill Ultimate 2020"图标，或者单击"开始"按钮，依次选择【所有程序】→【Autodesk PowerMill Ultimate 2020】选项，即可启动 PowerMill 软件，其操作界面如图 1－3 所示。

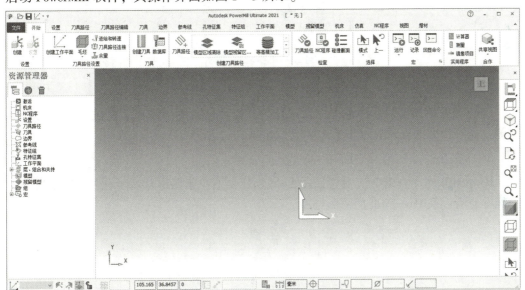

图 1－3　PowerMill 的工作界面

PowerMill 的操作界面主要由以下几个部分组成。

1. 菜单栏

PowerMill 的菜单栏如图 1－4 所示，它由用户管理项目文件、刀具路径和边界的入口等菜单组成。单击某个菜单，例如"刀具"，在下面的菜单中可以对刀具参数进行编辑。

图 1－4　菜单栏

2. 资源管理器

PowerMill 的资源管理器如图 1-5 所示，它提供了各种控制选项并用来保存 Power-Mill 运行过程中产生的元素。

图 1-5　资源管理器

3. 图形显示区

PowerMill 的图形显示区也可称为工作区、绘图区或图形视窗，它位于资源管理器右侧，是一个大的直观显示和工作区域，如图 1-3 所示。

4. "查看"工具栏

PowerMill 的"查看"工具栏如图 1-6 所示，它位于图形显示区右侧，用于快速访问标准查看以及 PowerMill 的阴影选项。

图 1-6　"查看"工具栏

5. "状态"工具栏

PowerMill 的"状态"工具栏如图 1-7 所示，它位于窗口的底部，提供了一些激活设置选项的信息，如用户坐标系、网格开关及尺寸、光标当前的位置、单位、刀具直径等。

图 1-7　"状态"工具栏

步骤 3　输入 PowerMill 软件模型库中的模型

选择【文件】→【输入】→【模型】菜单命令，打开"输入模型"对话框，单击对话框左侧的范例按钮 ，在右侧的文件列表中找到并选中"phone.dgk"，然后单击"打开"按钮，如图 1-8 所示。

图 1-8　"输入模型"对话框

由此便完成了模型的输入，效果如图 1-9 所示。

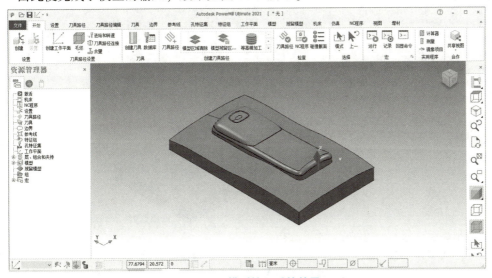

图 1-9　模型输入后的效果

提示

单击"查看"工具栏中的"线框"按钮，可以显示模型的线框图像；单击"查看"工具栏中的"普通阴影"按钮，可以显示模型的阴影图像（即着色实体）。另外，单击"查看"工具栏中的"ISO1"按钮，可以从等轴测视角观察模型。

将图1-9与学习任务中的图1-1进行比较可知，此时软件的背景色并不是白色，需要将背景色设置成白色。

具体方法为：选择【文件】→【选项】→【自定义颜色】菜单命令，打开"自定义颜色"对话框，双击"视图背景"选项，如图1-10所示，然后单击"关闭"按钮，效果如图1-11所示。

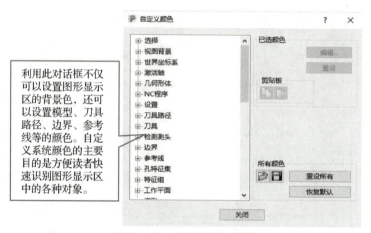

利用此对话框不仅可以设置图形显示区的背景色，还可以设置模型、刀具路径、边界、参考线等的颜色。自定义系统颜色的主要目的是方便读者快速识别图形显示区中的各种对象。

图1-10 自定义颜色界面

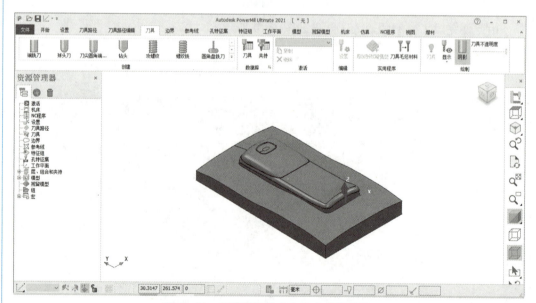

图1-11 将背景色改为白色之后的效果

提示

若想将背景色还原为软件的默认颜色，可以单击"自定义颜色"对话框中的"恢复默认"按钮，将背景色重置为默认颜色。

步骤4 使用鼠标和键盘按键选取曲面

使用 PowerMill 编程时，必须熟练使用鼠标和键盘按键选取图素（特征），移动、旋转与缩放模型等。鼠标的左键、中键（滚轮）、右键和键盘按键在 PowerMill 中的功能如表 1-3 所示。

表 1-3 鼠标各键和键盘按键在 PowerMill 中的功能

名称	操作	功能
左键	单击	选取图素（包括点、线、面）、毛坯、刀具、刀具路径等
	【Shift】+左键	同时从模型上选取多个图素（即增选）
	【Ctrl】+左键	从多个已选取的图素中撤销选取某个图素
中键（滚轮）	按住中键并移动鼠标	旋转模型
	滚动中键	缩放模型
	【Shift】+中键	移动模型
	【Ctrl】+【Shift】+中键	局部放大模型
右键	在图形显示区单击	在不同图素上单击右键，可弹出关于该图素的快捷菜单
	在资源栏单击	调出用户自定义的快捷菜单

由上可知，在按住【Shift】键的同时，用鼠标左键在模型上依次单击要选取的曲面，即可将其选中，如图 1-12 所示。

图 1-12 选取曲面后的效果

项目评价

（1）白钢刀转速不可太快。

（2）铜公开粗应少用白钢刀，多用飞刀或合金刀。

（3）工件太高时，应分层用不同长度的刀开粗。

（4）用大刀开粗后，应再用小刀清除余料，保证余量一致才光刀。

（5）平面应用平底刀加工，少用球刀加工，以减少加工时间。

（6）铜公清角时，先检查角上半径 R 的大小，再确定用多大的球刀。

（7）校表平面四边角要锣平。

（8）凡斜度是整数的，应用斜度刀加工，比如管位。

（9）做每一道工序前，应想清楚前一道工序加工后所剩的余量，以避免空刀或因加工过多而弹刀。

（10）尽量走简单的刀路，如外形、挖槽、单面，少走环绕等高。

（11）刀具材料韧性好、硬度低，较适应粗加工（大切削量加工），反之适应精加工。

（12）外形光刀时，先粗光，再精光；工件太高时，先光边，再光底。

（13）合理设置公差，以平衡加工精度和计算机计算时间。开粗时，公差设为余量的 1/5，光刀时，公差设为 0.01。

（14）做多一点工序，减少空刀时间；做多一点思考，减少出错机会；做多一点辅助线、辅助面，改善加工状况。

（15）树立责任感，仔细检查每个参数，避免返工。

（16）勤于学习，善于思考，不断进步。

（17）铣非平面，多用球刀，少用端刀，不要怕接刀。

（18）小刀清角，大刀精修。

（19）不要怕补面，适当补面可以提高加工速度，美化加工效果。

（20）毛坯材料硬度高，逆铣较好；毛坯材料硬度低，顺铣较好。

（21）机床精度高、刚性好，精加工较适应顺铣，反之较适应逆铣。

（22）零件内拐角处精加工强烈建议用顺铣。

（23）粗加工用逆铣较好，精加工用顺铣较好。

项目练习

（1）根据制造材料和使用性能的不同，刀具主要分为哪几种？飞刀的主要特点是什么？主要用于哪些加工？

（2）加工零件时多使用哪种刀具进行粗加工？多使用哪种刀具进行清角？

（3）什么是撞刀、弹刀？为什么会出现这种现象？如何避免？

（4）什么是过切？为什么会出现这种现象？如何避免？

（5）造成提刀过多和刀路凌乱的原因有哪几种？如何避免？

知识链接

1. 数控设备的认识与使用

常用的数控设备有数控铣床、加工中心、火花机和线切割机等，如图 1−13 所示。

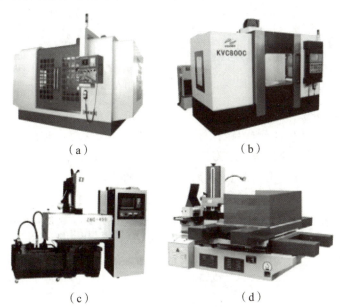

（a）　　　　　　　　　　　（b）

（c）　　　　　　　　　　　（d）

图 1−13　数控设备

（a）数控铣床；（b）加工中心；（c）火花机；（d）线切割机

数控铣床和加工中心统称为电脑锣。电脑锣主要由机身、工作台、主轴、面板和夹具等组成。加工中心与数控铣床的最大区别就是加工中心具有自动换刀装置，能极大地提高加工效率。在电脑锣上装上刀具，对好刀后就可启动机床切削工件了。电脑锣工作时，主轴转动，工件台带动装夹在工作台上的工件沿 X 轴、Y 轴、Z 轴做平面或非平面运动。但并非所有的零件都能由电脑锣直接完全加工出来，有时还需要火花机或线切割机。例如，对于图 1−14 所示的零件，由于某些部位用电脑锣无法加工出来，故需要使用火花机进行加工；而对于图 1−15 所示的零件，为了提高生产效率，也需要使用线切割机进行加工。

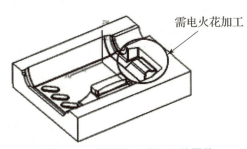

图 1−14　需要电火花加工的零件

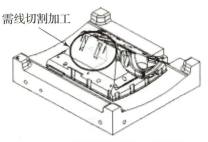

图 1−15　需要线切割加工的零件

2. 刀具的认识与选择

1）刀具的认识

数控加工刀具必须适应数控机床高速、高效和自动化程度高的特点，一般包括通用刀具、通用连接刀柄及少量专用刀柄。刀柄要连接刀具并装在数控机床的动力头上，因此已逐渐标准化和系列化。表 1-4 列出了刀具的分类方法、类型及特点。

表 1-4　刀具的分类方法、类型及特点

分类方法	类型	特点及应用
根据刀具材料和使用性能分类	白钢刀	刀条是银白色的，主要用于直壁的加工，其加工特点是转速慢、进给小，但价格低
	飞刀	主要是镶刀粒的镶拼式刀具，刚性好，在数控加工中使用非常广泛，主要用于模坯的开粗、二维轮廓的半精加工和精加工。飞刀开粗加工尽量大刀，加工较深区域时，先装短加工较浅区域，再装长加工较深区域，以提高效率且不过切
	合金刀	价格高，但加工的效果比白钢刀和飞刀好，目前其最大的型号是 D12
根据刀具形状分类	平底刀	也称为平刀或端铣刀，其周围有主切削刃，底部为副切削刃，可以用于开粗、清角、精加工侧平面及水平面，常用的型号有 D12、D10、D8、D6。在一般情况下，开粗时尽量选较大直径的刀，装刀时尽可能短，以保证有足够的刚度，避免弹刀。在选择小刀时，要结合被加工区域，确定最短的刀锋长及直身部分长，选择现有的最合适的刀。如果侧面带斜度则称为斜度刀，它可以精加工斜面
	圆鼻刀	也称为平底 R 刀，可用于开粗、平面光刀和曲面外形光刀。一般圆角半径为 R0.1 ~ R8。一般有整体式和镶刀粒式的圆鼻刀。镶刀粒式的圆鼻刀也称为飞刀，主要用于大面积的开粗及水平面光刀。常用的型号有 D63R6、 D50R5、 D35R5、 D32R5、 D30R5、 D25R5、 D20R0.8、 D17R0.8、 D13R0.8 等。
	球刀	也称为 R 刀或球头锐刀，主要用于曲面半精加工及精加工。常用的型号有 R8、R6、R5、R4、R3、R2.5（常用于加工流道）、R2、R1.5、R1、R0.75、R0.5。

2）刀具的选择及参数设置

在数控加工中，刀具的选择直接关系到加工精度的高低、加工表面质量的优劣和加工效率的高低。选择合适的刀具并设置合理的切削参数，可以使数控加工以最低的成本和最短的时间达到最佳的加工质量。刀具选择的总原则是安装调整方便、刚性好、耐用度和精度高。选用时应注意以下4点。

（1）在满足加工要求的前提下，尽量选择较短的刀柄，以提高刀具加工的刚性。

（2）选择刀具时，要使刀具的尺寸与模坯的加工尺寸相适应。表1-5所示为刀具选择与模坯尺寸的关系。

表1-5　刀具选择与模坯尺寸的关系

模坯尺寸/mm	刀具选择
小于 100×100	应选择 D25R5 或 D16R0.8 等刀具开粗
100×100~300×300	应选择 D30R5、D32R5 或 D35R5 的飞刀开粗
大于 300×300	应选择直径大于 D35R5 的飞刀开粗

（3）刀具的选择还要考虑数控机床的功率，如功率小的数控铣床或加工中心则不能装大于 D50R5 的刀具。

（4）在实际加工中，常选择立铣刀加工平面零件轮廓的周边；选择高速钢立铣刀（白钢刀）加工凸台、凹槽；选择镶硬质合金刀片的玉米铣刀加工毛坯的表面；选择球头铣刀、环形铣刀、锥形铣刀和盘形铣刀加工一些立体型面和变斜角轮廓外形。

除了刀具的选择外，刀具的参数设置同样非常重要。表1-6~表1-8分别列出了白钢刀、飞刀和合金刀的参数设置。

表1-6　白钢刀参数设置

刀具型号	最大加工深度/mm	普通长度（刃长/刀长）/mm	普通加长刃长/加长/mm	主轴转速/ ($r \cdot min^{-1}$)	进给速度/ ($mm \cdot min^{-1}$)	吃刀量/mm
D32	120	60/125	106/186	800~1 500	1 000~2 000	0.1~1
D25	120	60/125	90/166	800~1 500	500~1 000	0.1~1
D20	120	50/110	75/141	1 000~1 500	500~1 000	0.1~1
D16	120	40/95	65/123	1 000~1 500	500~1 000	0.1~0.8
D12	80	30/80	53/110	1 000~1 000	500~1 000	0.1~0.8
D10	80	23/75	45/95	800~1 000	500~1 000	0.2~0.5
D8	50	20/65	28/82	800~1 200	500~1 000	0.2~0.5
D6	50	15/60	不存在	800~1 200	500~1 000	0.2~0.4
R8	80	32/92	35/140	800~1 000	500~1 000	0.2~0.4
R6	80	26/83	26/120	800~1 000	500~1 000	0.2~0.4
R5	60	20/72	20/110	800~1 500	500~1 000	0.2~0.4
R3	30	13/57	15/90	1000~1 500	500~1 000	0.2~0.4

提示

（1）刀具直径越大，转速越慢；同一型号的刀具，刀杆越长，吃刀量越小，否则容易弹刀而产生过切。

（2）白钢刀转速不可过大，进给速度不可过大，光平面时进给率为 700 mm/min 最适宜。

（3）白钢刀容易磨损，开粗时应少用白钢刀。

表 1-7　飞刀参数设置

刀具类型	最大加工深度/mm	普通长度/mm	普通加长/mm	主轴转速/（r·min⁻¹）	进给速度/（mm·min⁻¹）	吃刀量/mm
D63R6	300	150	320	700~1 000	2 500~4 000	0.2~1
D50R5	280	135	300	800~1 500	2 500~3 500	0.1~1
D35R5	150	110	180	1 000~1 800	2 200~3 000	0.1~1
D30R5	150	100	165	1 500~2 200	2 000~3 000	0.1~0.8
D25R5	130	90	150	1 500~2 500	2 000~3 000	0.1~0.8
D20R0.4	110	85	135	1 500~2 500	2 000~2 800	0.2~0.5
D17R0.8	105	75	120	1 800~2 500	1 800~2 500	0.2~0.5
D13R0.8	90	60	115	1 800~2 500	1 800~2 500	0.2~0.4
D12R0.4	90	60	110	1 800~2 500	1 500~2 200	0.2~0.4
D16R8	100	80	120	2 000~2 500	2 000~3 000	0.1~0.4
D12R6	85	60	105	2 000~2 800	1 800~2 500	0.1~0.4
D10R5	78	55	95	2 500~3 200	1 500~2 500	0.1~0.4

提示

（1）以上的飞刀参数只能作为参考，因为不同的飞刀材料的参数值不同，不同的刀具厂家生产的飞刀其长度也略有不同；另外，刀具的参数值也因数控铣床或加工中心的性能和加工材料的不同而不同，因此刀具的参数一定要根据工厂的实际情况设定。

（2）飞刀的刚性好，吃刀量大，最适合模坯的开粗；另外，飞刀光陡峭面的质量也非常好。

（3）飞刀主要是镶刀粒的，没有侧刃，如图 1-16 所示。

图 1-16　飞刀

表1-8　合金刀参数设置

刀具型号	最大加工深度/mm	普通长度（刃长/刀长）/mm	普通加长（刃长/加长）/mm	主轴转速/(r·min⁻¹)	进给速度/(mm·min⁻¹)	吃刀量/mm
D12	55	25/75	26/100	1 800~2 200	1 500~2 500	0.1~05
D10	50	22/70	25/100	2 000~2 500	1 500~2 500	0.1~0.5
D8	45	19/60	20/100	2 200~3 000	1 000~2 200	0.1~0.5
D6	30	13/50	15/100	2 500~3 000	700~1 800	0.1~0.4
D4	30	11/50	不存在	2 800~4 000	700~1 800	0.1~0.35
D2	25	8/50	不存在	4 500~6 000	700~1 500	0.1~0.3
D1	15	1/50	不存在	5 000~10 000	500~1 000	0.1~0.2
R6	75	22/75	22/100	1 800~2 200	1 800~2 500	0.1~0.5
R5	75	18/70	18/100	2 000~3 000	1 500~2 500	0.1~0.5
R4	75	14/60	14/100	2 200~3 000	1 200~2 200	0.1~0.35
R3	60	12/50	12/100	2 500~3 500	700~1 500	0.1~0.3
R2	50	8/50	不存在	3 500~4 500	700~1 200	0.1~0.25
R1	25	5/50	不存在	3 500~5 000	300~1 200	0.05~0.25
R0.5	15	2.5/50	不存在	5 000 以上	300~1 000	0.05~0.2

3. 数控加工编程中常遇到的问题及解决方法

在数控加工编程中，常遇到的问题有撞刀、弹刀、过切、漏加工、多余的加工、空刀过多、提刀过多和刀路凌乱等，这也是数控编程初学者急需了解的重要问题。

1）撞刀

撞刀是指刀具的切削量过大，除了切削刃外，刀杆也撞到了工件。造成撞刀的原因主要是安全高度设置不合理或根本没设置安全高度、选择的加工方式不当、刀具使用不当和二次开粗时设置的余量比第一次开粗时设置的余量小等。

撞刀的原因及其解决方法如表1-9所示。

表1-9　撞刀的原因及其解决方法

序号	撞刀的原因	图解	解决方法
1	吃刀量过大		减小吃刀量。刀具直径越小，其吃刀量应该越小。 在一般情况下，零件开粗时每刀吃刀量不应大于0.5 mm，半精加工和精加工吃刀量更小

序号	撞刀的原因	图解	解决方法
2	选择不当的加工方式		将等高轮廓铣的方式改为型腔铣的方式。当加工余量大于刀具直径时，不能选择等高轮廓铣的加工方式
3	安全高度设置不当	提刀中撞到夹具	安全高度应大于装夹高度；在多数情况下不能选择"直接的"进退刀方式，除了特殊的工件之外
4	二次开粗余量设置不当		二次开粗时余量应比第一次开粗的余量稍大一点，一般大0.05 mm。如果第一次开粗时余量为0.3 mm，则二次开粗时余量应为0.35 mm。否则，刀杆容易撞到上面的侧壁

2）弹刀

弹刀是指刀具因受力过大而产生幅度相对较大的振动。弹刀造成的危害是导致工件过切和刀具损坏。当刀径过小且刀杆过长或受力过大时都会产生弹刀的现象。

弹刀的原因及其解决方法如表1-10所示。

表1-10　弹刀的原因及其解决方法

序号	弹刀原因	图解	解决办法
1	刀径过小且刀杆过长	刀杆过长且刀径过小	改用大一点的球刀清角或电火花加工深的角位
2	受力过大（即吃刀量过大）		减小吃刀量（即全局每刀深度），当加工深度大于120 mm时，要分开两次装刀，即先装上短的刀杆加工到100 mm的深度，然后装上加长刀杆加工100 mm以下的部分，并设置小的吃刀量

提示

　　弹刀现象最容易被数控编程初学者忽略，因此要引起足够的重视。编程时，应根据切削材料的性能和刀具的直径、长度来确定吃刀量和最大加工深度，同时确定太深的地方是否需要电火花加工等。

　　3）过切

　　过切是指刀具把不能切削的部位也切削了，使工件受到了损坏。造成工件过切的原因有多种，主要有数控机床精度不高、撞刀、弹刀、编程时选择小的刀具但实际加工时误用大的刀具等。另外，如果操机人员对刀不准确，也可能造成过切。

　　图 1-17 所示的情况是安全高度设置不当所造成的过切。

图 1-17　过切

提示

　　编程时，一定要认真细致，完成程序的编制后，还需要详细检查刀路，以避免过切等现象的发生，否则可能会导致零件报废甚至数控机床损坏。

　　4）漏加工

　　漏加工是指零件中存在一些刀具能加工到的地方却没有加工，其中平面中的转角处是最容易漏加工的，如图 1-18 所示。

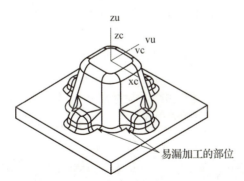

图 1-18　平面中的转角处漏加工

　　类似图 1-18 所示的模型，为了提高加工效率，一般会使用较大的平底刀或圆鼻刀进行光平面，当转角半径小于刀具半径时，则转角处就会留下余量，如图 1-19 所示。为了清除转角处的余量，应使用球刀在转角处补加刀路，如图 1-20 所示。

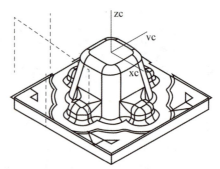

图 1 – 19　平面铣加工

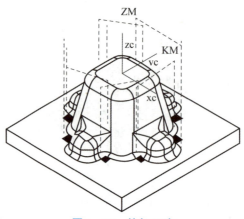

图 1 – 20　补加刀路

> **提示**
>
> 漏加工是比较普遍，也是最容易发生的问题之一，编程者必须小心谨慎，不要等到零件已经从机床上拆下来了才发现漏加工，那将浪费大量的时间。

5）多余的加工

多余的加工是指对刀具加工不到的地方或电火花加工的部位进行加工，它多发生在精加工或半精加工过程中。

有些零件的重要部位或者普通数控加工不能加工的部位都需要进行电火花加工，因此在开粗或半精加工完成后，这些部位就无须再使用刀具进行精加工了，否则就会浪费时间甚至造成过切。图 1 – 21 和图 1 – 22 所示的零件部位就无须进行精加工。

电火花加工部位，二次开粗
完成后就无须半精加工或精加工

图 1 – 21　无须进行精加工的部位（一）

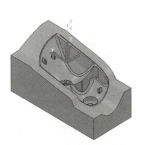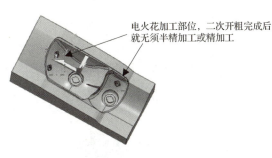

电火花加工部位，二次开粗完成后就无须半精加工或精加工

图 1 – 22   无须进行精加工的部位（二）

> **提示**
>
> 一般通过选择加工面的方式确定加工的范围，不加工的面不要选择。

6）空刀过多

空刀是指刀具在加工时没有切削到工件，当空刀过多时会浪费时间。产生空刀的原因多是加工方式选择不当、加工参数设置不当、已加工的部位所剩的余量不明确和大面积进行加工等，其中选择大面积进行加工最容易产生空刀。

为了避免产生过多的空刀，在编程前应详细分析加工模型，确定多个加工区域。编程总脉络是开粗用铣型腔刀路，半精加工或精加工平面用平面铣刀路，陡峭的区域用等高轮廓铣刀路，平缓区域用固定轴轮廓铣刀路。

对于图 1 – 23 所示的模型，半精加工时不能选择所有的曲面进行等高轮廓铣加工，否则将产生过多空刀。

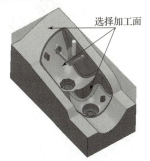

选择加工面

产生过多空刀

图 1 – 23   空刀过多

> **提示**
>
> 避免空刀过多的方法是把刀路细化，通过选择加工面或修剪边界的方式把大的加工区域分成若干个小的加工区域。

7）提刀过多和刀路凌乱

提刀在编程加工中是不可避免的，但当提刀过多时就会浪费时间，大大地降低加工效率和增加加工成本。另外，提刀过多会造成刀路凌乱，不美观，而且会给检查刀路的正确与否带来麻烦。

造成提刀过多的原因有模型本身复杂、加工参数设置不当、切削模式选择不当和没有设置合理的进刀点等。

提刀过多的原因及其解决方法如表1-11所示。

表1-11 提刀过多的原因及其解决方法

序号	提刀过多的原因	图示	解决方法及图示
1	加工参数设置不当	提刀过多 二次开粗：选择"使用3D"方式	二次开粗：选择"使用基于层的"方式
2	切削模式选择不当	选择"跟随部件"切削模式	选择"跟随周边"切削模式
3	没有设置合理的进刀点	等高轮廓铣加工时没有设置进刀点	在这两处设置进刀点

提示

除了表1-11所列的原因，造成提刀过多的原因还有很多，如修剪刀路、切削顺序等，关于这些内容将在后续项目中详细介绍。

8）残料的计算

残料的计算对于编程非常重要，因为只有清楚地知道工件上任何部位剩余的残料，才能确定下一工序使用的刀具以及加工方式。

若把刀具看作圆柱体，则刀具在直角上留下的余量可以根据勾股定理进行计算，如图1-24所示。

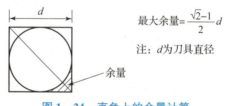

最大余量 $= \dfrac{\sqrt{2}-1}{2}d$

注：d 为刀具直径

图1-24 直角上的余量计算

如果并非直角，而是有圆弧过渡的内转角时，其余量同样需要使用勾股定理进行计算，如图 1−25 所示。

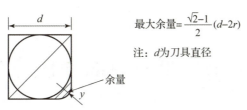

最大余量=$\dfrac{\sqrt{2}-1}{2}(d-2r)$

注：d为刀具直径

图 1−25 非直角上的余量计算

对于图 1−26 所示的模型，其转角半径为 5 mm，如使用 D30R5 的飞刀进行开粗，则转角处的余量约为 4 mm；当使用 D12R0.4 的飞刀进行等高清角时，则转角处的余量约为 0.4 mm；当使用 D10 或比 D10 小的刀具进行加工时，则转角处的余量为设置的余量，当设置的余量为 0 时，则可以完全清除转角上的余量。

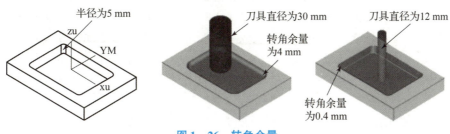

图 1−26 转角余量

提示

当使用 D30R5 的飞刀对图 1−26 所示的模型进行开粗时，其底部会留下圆角半径为 5 mm 的余量，如图 1−27 所示。

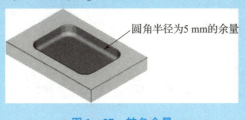

图 1−27 转角余量

项目二 PowerMill 操作入门

项目导入

在 PowerMill 系统中应用刀具路径策略计算各工步刀具路径前，需要通过若干公共操作过程设置一些公共参数。公共操作主要包括创建毛坯、创建刀具、设置安全区域、设置进给和转速、定义开始点和结束点等。上述操作比较简单，但却非常重要，比如安全区域、进给和转速、开始点和结束点等的设置，稍有不慎就可能导致加工时损坏工件、工具系统（刀具及数控机床等）。在本项目中，将集中对这些公共操作做一个较全面的介绍。

项目目标

★**知识目标**
（1）掌握 PowerMill 数控编程的一般步骤；
（2）掌握创建工作平面的方法；
（3）掌握创建毛坯的方法；
（4）掌握创建刀具的方法；
（5）掌握设置安全区域的方法；
（6）掌握设置进给和转速的过程；
（7）掌握设置开始点和结束点的过程。

★**技能目标**
（1）具备根据给定零件设计毛坯的能力；
（2）具备根据给定零件、材料正确选择加工刀具与设计刀具参数的能力；
（3）具备根据给定零件合理设置加工参数的能力；
（4）具备根据给定零件正确选择加工工艺的能力。

★**素质目标**
（1）培养学生知行合一的实践精神；
（2）培养学生勇于探索的守正创新精神；
（3）培养学生善于解决问题的锐意进取精神；
（4）培养学生不怕苦、不怕累的劳动精神。

项目任务

下面通过一个模具的编程过程来具体介绍 PowerMill 数控编程的一般步骤及基本操作。零件如图 2-1 所示，这是一个气门室凸模零件。分析零件的加工工艺，完成该零件的编程加工。

图 2-1　气门室凸模零件

项目分析

此气门室凸模零件的加工分为两个步骤：粗加工和精加工。每个加工步骤的加工方式、刀具类型、刀具参数、公差和加工余量等工艺参数如表 2-1 所示。

表 2-1　气门室凸模零件数控加工工艺参数

序号	加工步骤	加工方式	刀具类型	刀具参数	公差/mm	加工余量/mm
1	粗加工	模型区域清除	刀尖圆角端铁刀	D12R1	0.1	0.5
2	精加工	平行精加工	球头刀	BN12	0.1	0

项目实施

步骤 1　输入模型

输入模型

由于 PowerMill 系统是独立的 CAM 系统，因此 PowerMill 系统的所有操作都是从输入模型开始的。输入模型功能可以将市面上主流 CAD 软件创建的模型输入 PowerMill 系统。

启动 PowerMill 软件，选择【文件】→【输入】→【模型】菜单命令，打开"输入模型"对话框，输入本书配套素材中的"Ch02\Sample\qimenshi.dgk"文件，如图 2-2所示。

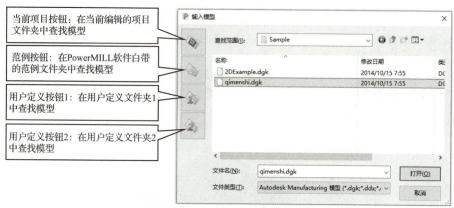

当前项目按钮：在当前编辑的项目文件夹中查找模型

范例按钮：在PowerMILL软件自带的范例文件夹中查找模型

用户定义按钮1：在用户定义文件夹1中查找模型

用户定义按钮2：在用户定义文件夹2中查找模型

图2-2　"输入模型"对话框

提示

通过单击"输入模型"对话框左侧的范例按钮可以定位到 PowerMill 的范例模型文件夹（这里有 PowerMill 提供的大量范例模型，其绝对路径为软件根目录下的"file\examples"文件夹）。此外，还可以通过单击"输入模型"对话框左侧的用户定义按钮1和用户定义按钮2快速访问常用的模型。

尽管 PowerMill 自身的模型文件类型为"＊.dgk"，事实上它可以接收多种类型的模型，在"输入模型"对话框中单击"文件类型"下拉列表右侧的 ∨ 按钮，切换至不同的文件类型，可以将所需的文件类型显示在对话框的文件列表中，如图2-3所示。

图2-3　PowerMill 可接收的其他模型类型

首先单击"查看"工具栏中的"普通阴影"按钮，将模型以着色实体的形式显示，再单击"线框"按钮，隐藏模型的线框显示；然后单击"全屏重画"按钮，使模型在图形显示区完全显示出来；最后单击"ISO"按钮⬙使模型以等轴测视角显示，其效果如图 2-1 所示。

提示

　　用户自定义路径是一个实用功能，利用它可以方便地管理各种文件。选择【文件】→【选项】→【自定义路径】菜单命令🖰，打开"PowerMill 路径"对话框，如图 2-4 所示。利用该对话框不仅可以设置"输入模型"对话框左侧用户定义按钮 1 🖿 和用户定义按钮 2 🖿 指向的路径，还可以设置宏路径、NC 程序输出路径、范例按钮 🖿 指向的路径等。

图 2-4 "PowerMill 路径"对话框

　　具体设置方法为：从可设置路径下拉列表框中选取一个要设置的路径，然后单击"将路径增加到列表顶部"按钮🖿或"将路径增加到列表底部"按钮🖿，再在弹出的"选择路径"对话框中为其指定一个文件夹即可，如图 2-5 所示。

图 2-5 "选择路径"对话框

步骤2　准备加工

1. 创建工作平面

准备加工

工作平面就是用户坐标系。PowerMill 中有两种坐标系，一种是世界坐标系，另一种是用户坐标系。世界坐标系是将模型输入 PowerMill 系统以后默认的坐标系（即自然原点），它通常不能为刀具设置或应用的加工策略提供适当的位置和方向。

用户坐标系提供了理想的无须物理移动部件模型而产生适合的加工原点和对齐定位的方法，它是可在全局范围进行移动和重新定向的附加原点。任何时候都只能有一个用户坐标系被激活，如果不存在激活的用户坐标系，则原始的世界坐标系就是原点。取消某个用户坐标系的激活状态后，可轻松地重新激活原始坐标系设置，这样便于检查原始尺寸或输入一个新模型。

（1）按住鼠标左键进行拖动，以框选方式将整个气门室凸模零件模型选中，然后将光标移至资源管理器中的"工作平面"选项上方，单击鼠标右键，从弹出的快捷菜单中选择【创建并定向工作平面】→【工作平面在选择顶部】命令，在已选模型的顶部中央产生一个工作平面，即用户坐标系，如图 2-6 所示。

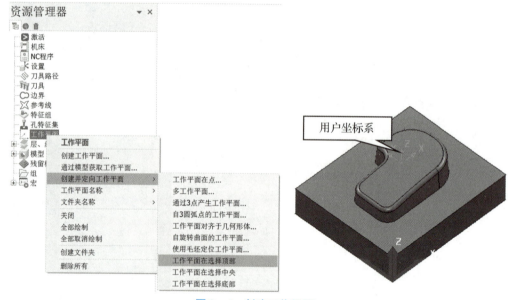

图 2-6　创建工作平面

（2）新的用户坐标系也同时出现于资源管理器中的"工作平面"选项中，即
※▲₁。在其上方单击鼠标右键，从弹出的快捷菜单中选择【激活】命令，将用户坐标系"1"激活，如图 2-7 所示。

> **提示**
>
> 在图 2-7 所示的右键快捷菜单中选择【工作平面编辑器】命令，可以利用打开的"工作平面编辑器"工具栏对新产生的用户坐标系进行修改。

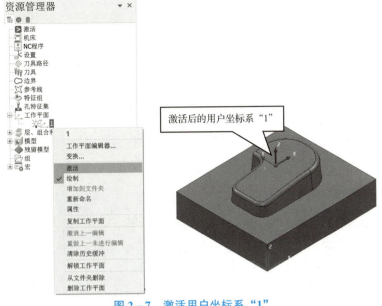

图 2-7　激活用户坐标系 "1"

2. 创建毛坯

毛坯的创建是非常重要的，它直接影响加工的范围和生成刀具路径的正确性。在一般情况下，粗加工刀具路径的计算是基于零件与毛坯之间存在的体积差来进行的。在将模型输入 CAM 软件系统以后，几乎所有的 CAM 软件都要求定义毛坯的位置、形状和大小。

单击功能区的"开始"选项卡"刀具路径设置"面板中的"毛坯"按钮 ▦，弹出"毛坯"对话框，保持当前默认设置，单击 计算 按钮，如图 2-8 所示，然后单击 接受 按钮，即可创建模型的毛坯，如图 2-9 所示。

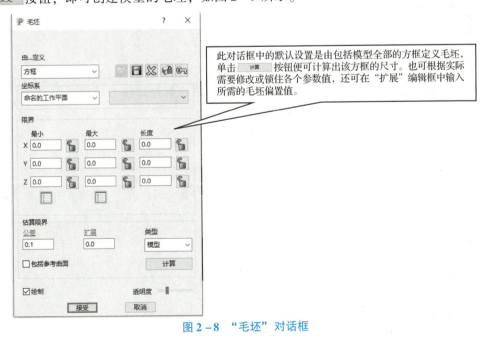

图 2-8　"毛坯"对话框

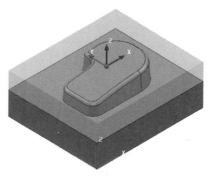

图 2 - 9　创建毛坯后的模型

提示

在实际加工中，毛坯可能不只是方坯，还有可能是根据理论模型偏置加工余量后形成的形状复杂的模型。例如，在汽车覆盖件拉延模具中，拉延凸、凹模基本上都是形状复杂的铸造件。为此，"毛坯"对话框的"由...定义"下拉列表中提供了8种创建毛坯的方法，即方框、图形、三角形、边界、圆柱体等。

（1）方框。

定义一个方形体积块作为毛坯。一种方式是在"限界"栏逐一输入方坯的 X、Y、Z 极限尺寸，按【Enter】键后获得毛坯（无须单击 计算 按钮）；另一种方式是在"估算限界"栏的"类型"下拉列表中选择好计算毛坯的依据后，单击 计算 按钮，获得毛坯。"估算限界"栏的"类型"下拉列表中提供了8种计算毛坯的依据。

①模型：根据模型的 X、Y、Z 值来计算毛坯的 X、Y、Z 极限尺寸。

②边界：由选定的边界确定 X、Y 尺寸，只能输入毛坯的 Z 轴尺寸，此功能要求首先创建出边界。

③激活参考线：由选定的参考线确定 X、Y 尺寸，输入毛坯的 Z 轴尺寸，此功能要求首先创建出参考线。

④刀具路径参考线：与"激活参考线"选项类似。

⑤特征：根据资源管理器内"特征设置"选项中的特征组（通常是一组孔）来计算毛坯大小，该选项用得比较少。

（2）图形。

将保存的二维图形（后缀名是"*.pic"）沿 Z 方向拉伸成三维形体来定义毛坯。

（3）三角形。

以三角形模型（后缀名是"*.dmt""*.tri"或"*.stl"）作为毛坯。用三角形方式创建毛坯与用图形方式创建毛坯相似，都是由外部图形定义毛坯，其不同之处在于，图形是二维的线框，而三角形是三维模型。

（4）边界。

用已经创建好的边界来定义毛坯。用边界方式创建毛坯类似用图形方式来创建毛坯。

（5）圆柱体。

创建圆柱体毛坯。

3. 创建刀具

创建刀具的方法非常简单，可以在资源管理器中"刀具"选项的上方单击鼠标右键，在弹出的快捷菜单中选择"创建刀具"子菜单中的相应刀具类型命令来创建，如图2-10所示；也可以通过功能区"开始"选项卡"刀具"面板中的"刀具创建"命令下拉菜单的相应刀具类型按钮进行创建。

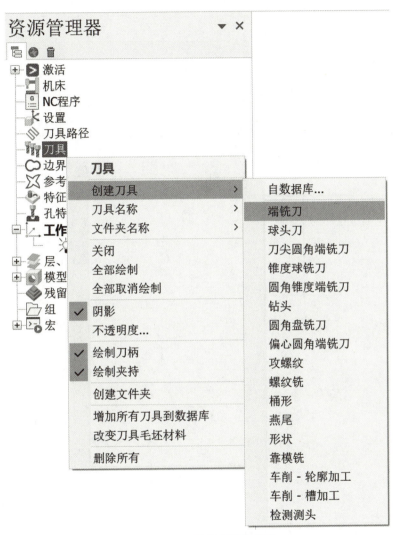

图2-10　刀具类型快捷菜单

在本项目中，气门室凸模零件的加工需要创建两把刀具，一把是刀尖圆角端铣刀，用于粗加工；另一把是球头刀，用于精加工。

（1）单击"刀具"菜单中的"刀具创建"命令栏，在弹出的刀具类型列表中单击"刀尖圆角端铣刀"按钮▌，如图2-11所示。在弹出的"刀尖圆角端铣刀"对话框中，设置刀具名称为"D12R1"，直径为"12"，长度为"60"，刀尖半径为"1"，刀具编号为"1"，槽数为"1"，如图2-12所示，然后单击 关闭 按钮，完成第一把刀具——刀尖圆角端铣刀的创建。

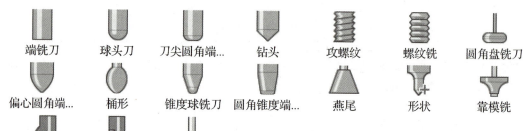

图 2-11　选择刀具类型

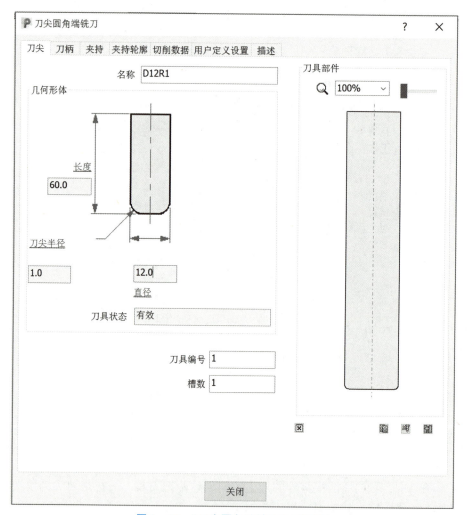

图 2-12　"刀尖圆角端铣刀"对话框

（2）按照同样的方法，创建另外一把刀具——球头刀，其参数设置如图 2-13 所示。

（3）在资源管理器中"刀具"选项中的"D12R1"刀具上方单击鼠标右键，从弹出的快捷菜单中选择【激活】命令，将刀尖圆角端铣刀激活，如图 2-14 所示。

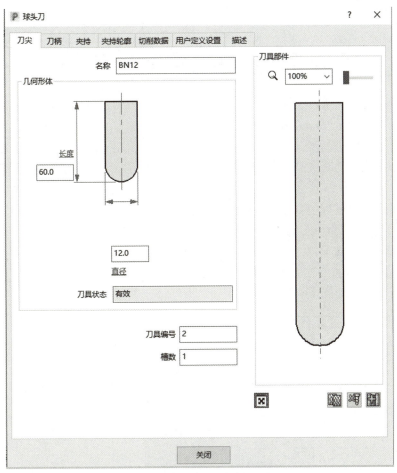

图 2-13　球头刀参数设置

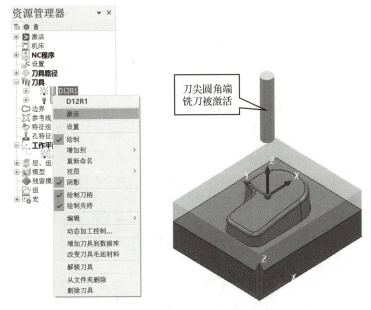

图 2-14　激活刀尖圆角端铣刀

4. 设置安全区域

设置安全区域是 PowerMill 数控编程的一项重要内容。PowerMill 2018 以前的系统中将安全高度称为快进高度。所谓快进高度，就是指刀具完成某个切削刀路之后，快速移动至另一切削点的有关高度，它定义了刀具在两刀位点之间以最短时间完成移动的高度。

快速进给这一过程包含 3 个步骤。

（1）刀具从最后切削点抬刀至安全 Z 高度；

（2）刀具在安全高度上移刀至另一切削位置；

（3）刀具从切削位置下移至开始 Z 高度。

快进高度示意如图 2–15 所示。

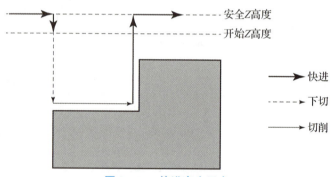

图 2–15　快进高度示意

选择"开始"菜单中的【刀具路径连接】命令囗，然后单击"安全区域"按钮，选择安全区域为"平面"，工作平面为"1"，设置"计算尺寸"中快进间隙为"10"，下切间隙为"5"，如图 2–16 所示，单击 计算 按钮，最后单击接受按钮 接受 ，这样就完成了安全区域的设置。

这时会自动将安全 Z 高度值和开始 Z 高度值设置到毛坯之上，如图 2–17 所示。"计算尺寸"栏显示的快进间隙值和下切间隙值是刀具相对于工件的高度。

刀具路径连接

? ✕

安全区域　移动和间隙　开始点和结束点　切入　切出　连接　点分布

安全区域

类型　平面

工作平面　1

法线

0.0　0.0　1.0

快进高度　10.0

下切高度　5.0

使用极坐标连接 ☐

计算尺寸

自...测量　毛坯和模型

快进间隙　10.0

下切间隙　5.0

计算

☐ 绘制快进曲面

透明度

☐ 绘制下切曲面

透明度

应用安全区域

☑ 过切检查

应用　接受　取消

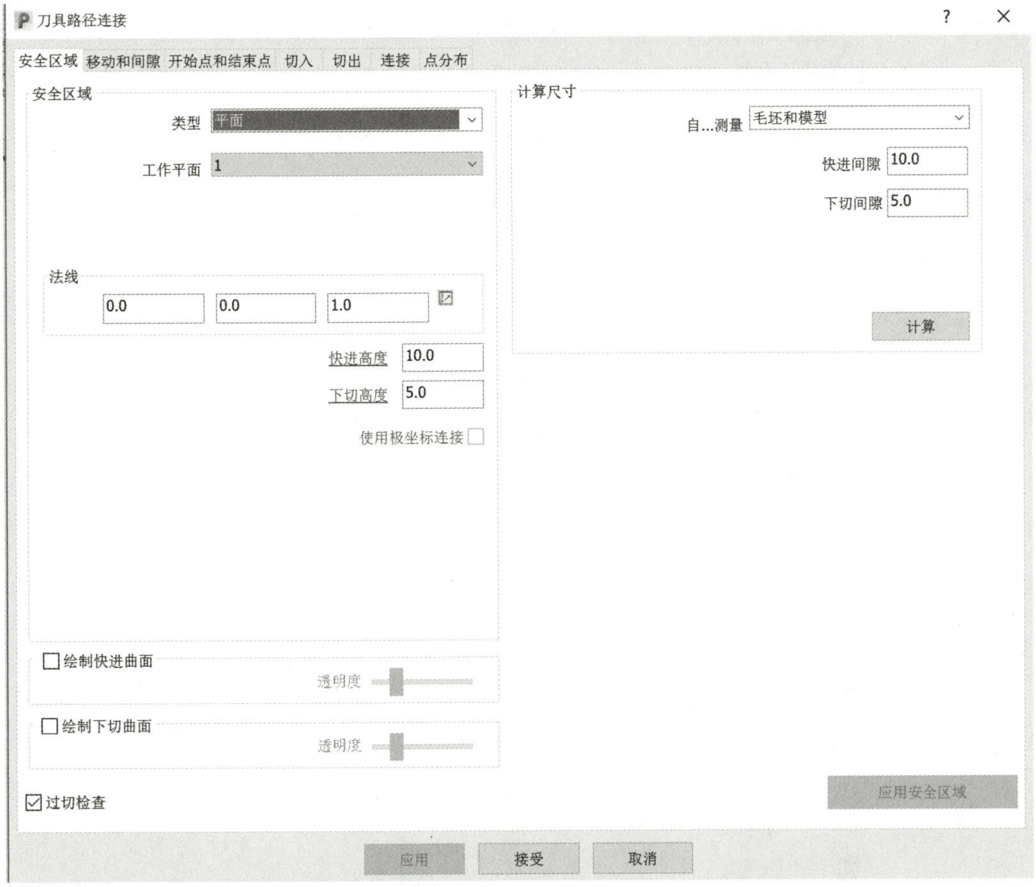

图 2 – 16　安全区域设置

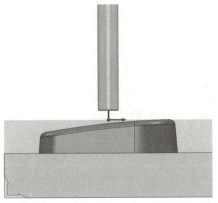

图 2 – 17　设置安全区域后的模型

5. 定义开始点和结束点

定义刀具路径的开始点和结束点是非常重要的。如果设置不当，可能导致刀具进刀或退刀时与工件或夹具相撞。

单击"刀具路径连接"对话框中的"开始点和结束点"选项卡，开始点的默认设置为"毛坯中心安全高度"，勾选"单独进刀"复选框，接近距离为5，结束点的默认设置为"最后一点安全高度"，勾选"单独退刀"复选框，撤回距离为5，如图2-18所示，其余保持默认设置，单击 接受 按钮。

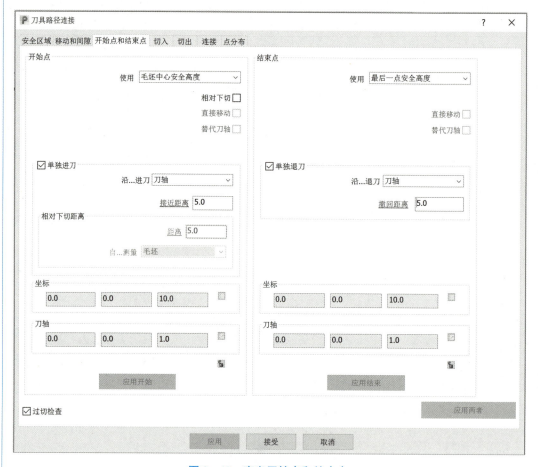

图2-18　定义开始点和结束点

所谓刀具开始点，就是在加工开始之前刀具相对于毛坯的具体位置。"毛坯中心安全高度"是最常用的刀具开始点定义方法。选择此方式，程序首先自动计算已定义的毛坯的中心位置，然后将刀具抬至毛坯中心之上的安全 Z 高度。现在刀具"D12R1"即位于毛坯中心安全位置，用户可开始产生第一条刀具路径。

6. 设置进给和转速

在编制每条刀具路径之前，应先设置好刀具路径所使用的进给和转速参数。

选择"开始"菜单中的"进给和转速"选项，打开"进给和转速"对话框，保持默认参数设置，单击"应用"按钮，如图2-19所示。

> **提示**
>
> 进给和转速的设置与加工策略及选用刀具相关，可以从激活的刀具路径中装载，这在后面的项目中可以体现。

图 2-19 "进给和转速"对话框

步骤 3　计算粗加工刀具路径

设置完公共参数,接下来就要选择加工策略,编制刀具路径。在 PowerMill 系统中,一般使用三维区域清除策略来计算粗加工刀具路径。

粗加工-模型
区域清除

(1)选择"开始"菜单中的【刀具路径】命令🖊,打开"策略选择器"对话框,切换至"3D 区域清除"选项卡,单击选中"模型区域清除"策略,然后单击 确定 按钮,如图 2-20 所示。

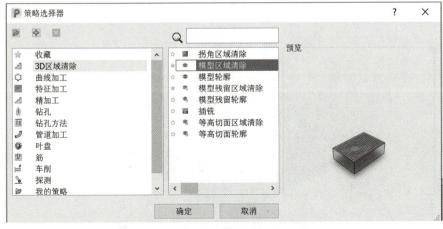

图 2-20 "策略选择器"对话框

（2）此时弹出"模型区域清除"对话框，按照图 2 - 21 所示设置粗加工刀具路径参数，然后单击 计算 按钮，系统会计算出粗加工刀具路径，如图 2 - 22 所示。最后单击"模型区域清除"对话框右上角的×按钮，将其关闭。

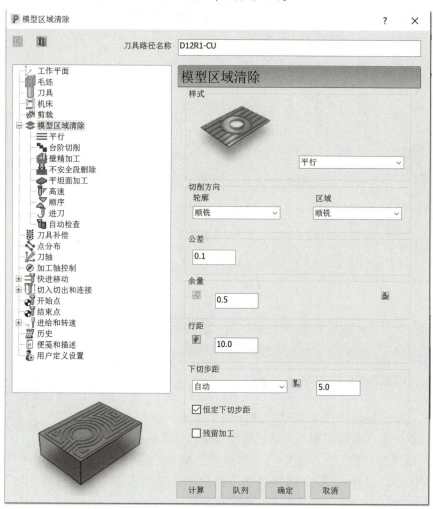

图 2 - 21 "模型区域清除"对话框

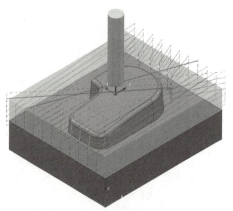

图 2 - 22 粗加工刀具路径

常用来计算粗加工刀具路径的策略包括模型区域清除、等高切面区域清除、拐角区域清除和模型残留区域清除等。其中，模型区域清除策略是一种最常用的粗加工刀具路径计算策略，它能够计算出平行、偏置模型和偏置全部 3 种形式的刀具路径。

步骤4　计算精加工刀具路径

（1）用鼠标右键单击资源管理器内"刀具"选项中的"BN12"刀具，从弹出的快捷菜单中选择【激活】命令，将球头刀激活。

（2）单击功能区"开始"选项卡中的"创建刀具路径"面板上的"刀具路径"命令，打开"策略选择器"对话框，切换至"精加工"选项卡，单击选中"平行精加工"策略，然后单击 确定 按钮，如图 2-23 所示。

图 2-23　选择精加工策略

（3）此时弹出"平行精加工"对话框，按照图 2-24 所示设置精加工刀具路径参数，然后单击 计算 按钮，系统会计算出精加工刀具路径，如图 2-25 所示。最后单击"平行精加工"对话框右上角的×按钮，将其关闭。

精加工–平行精加工

步骤5　刀具路径模拟和 ViewMill 仿真

PowerMill 提供了两种主要的刀具路径仿真手段，一种是模拟仿真，它显示了刀具的刀尖沿刀具路径的运动轨迹；另一种则提供了切削过程中沿刀具路径切除毛坯材料的阴影图像仿真。

刀具路径模拟和 VIEWMILL 仿真

1. 刀具路径模拟

（1）用鼠标右键单击资源管理器中"刀具路径"选项中的粗加工刀具路径"D12R1"，从弹出的快捷菜单中选择【激活】命令，将其激活；然后再次用鼠标右键单

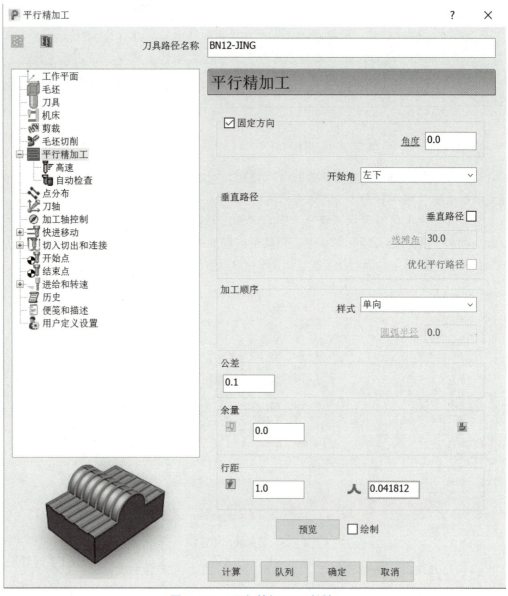

图 2-24 "平行精加工"对话框

图 2-25 精加工刀具路径

击该刀具路径,从弹出的快捷菜单中选择【自开始仿真】命令,打开"仿真"工具栏,单击"运行"按钮▶,即可进行粗加工刀具路径仿真,如图2-26所示。通过拖动"控制速度"控制条▬▮,可以控制仿真进给率。

图2-26 "仿真"工具栏

(2)用同样的方法,激活资源管理器中的精加工刀具路径"BN12",并进行模拟仿真。

> **提示**
>
> "仿真"工具栏中显示了刀具路径名称和刀具名称,以及控制仿真的一些按钮。再次开始刀具路径模拟仿真前,必须先单击路径始端的"到开始位置"按钮◀◀。
>
> 在资源管理器中选取刀具路径进行模拟仿真前,必须确保该刀具路径名称旁的灯泡图标💡处于开启状态🔆(即已激活)。

2. ViewMill 仿真

(1)单击功能区"仿真"选项卡"ViewMill"面板上的"关"按钮◉,切换为"开"状态,单击"模式"🔷,选择"固定方向"选项🔷,进入仿真状态,如图2-27所示。

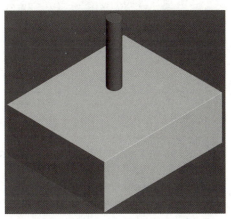

图2-27 仿真状态下"固定方向"模式

(2)此时单击"仿真控制"面板中的"运行"按钮▶,系统即开始粗加工仿真切削,效果如图2-28所示。

(3)完成粗加工仿真后,激活资源管理器中的精加工刀具路径"BN12",并通过右键菜单中的【自开始仿真】命令将其加入"仿真路径"命令面板,或通过"仿真"选项卡中的"条目"命令下拉列表中选择"刀具路径"选项▦>BN12,如图2-29所示。同时将"BN12"刀具激活,并使刀具"BN12"的灯泡图标💡处于开启状态🔆。

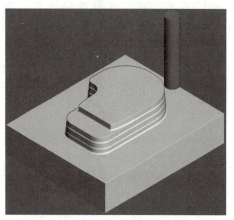

图 2-28　粗加工仿真切削效果

图 2-29　将精加工刀具路径"BN12"加入"仿真"选项卡

（4）单击"仿真控制"面板中的"运行"按钮▶，系统即开始精加工仿真切削，效果如图 2-30 所示。

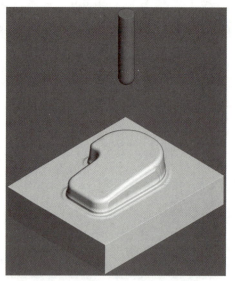

图 2-30　精加工仿真切削效果

（5）单击"仿真"选项卡中"ViewMill"面板中的"退出 ViewMill"按钮↺，并在弹出的提示框中单击 是(Y) 按钮，确认退出仿真状态，返回编程状态。

步骤 6　后处理

前面详细介绍了刀具路径的编制，包括初始设置、创建毛坯、创建刀具、选择加工策略、设置加工参数等，但刀具路径不能直接输入数控

后处理

机床作为数控代码进行加工，需要先将这些刀具路径按其在数控机床中的加工顺序依次排列，再对它们进行后处理，产生机床代码文件"*.tap"。

（1）在资源管理器中，用鼠标右键单击粗加工刀具路径"D12R1 – CU"，从弹出的快捷菜单中选择【创建独立的 NC 程序】命令，如图 2 – 31 所示。

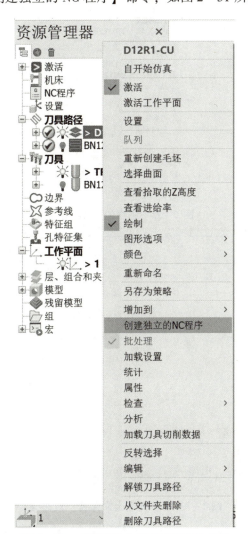

图 2 – 31 【创建独立的 NC 程序】命令

（2）单击资源管理器中"NC 程序"选项左侧的展开图标，可以看到已经产生了名称为"D12R1 – CU"的刀具路径的独立 NC 程序，如图 2 – 32 所示。

（3）设置输出文件和选项文件。单击功能区"NC 程序"选项卡"后处理"面板上的"输出文件"按钮，打开"选择输出文件名"对话框，为 NC 程序选择保存路径，并进行命名，如图 2 – 33 所示。设置选项文件是为数控机床选取写出程序的模板，单击功能区"NC 程序"选项卡"后处理"面板上的"选项文件"按钮，如图 2 – 34 所示，完成数控机床选项文件导入，然后单击"后处理"面板上的"选项文件"按钮，此时选项文件 Fanuc_3X_XC已经加载到 PowerMill 软件中，选中此文件，单击 接受 按钮，完成选项文件设置，如图 2 – 35 所示。

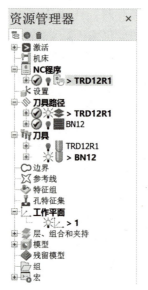

图 2-32　独立的 NC 程序

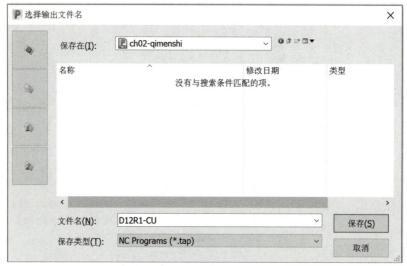

图 2-33　"选择输出文件名"对话框

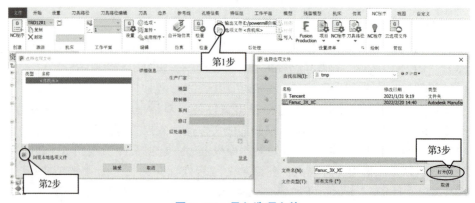

图 2-34　导入选项文件

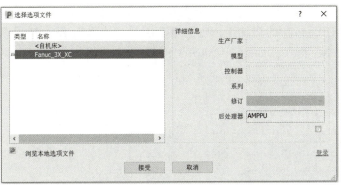

图 2 - 35　设置选项文件及完成效果

（4）用鼠标右键单击资源管理器中的 NC 程序"D12R1 - CU"，从弹出的快捷菜单中选择【写入】命令，如图 2 - 36 所示，或单击"NC 程序"选项卡"后处理"面板上的"写入"按钮 ，系统即开始进行后处理计算，同时弹出信息窗口，如图 2 - 37 所示。

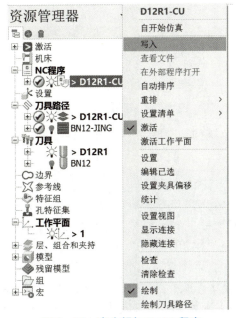

图 2 - 36　产生粗加工 NC 程序

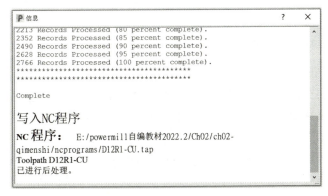

图 2 - 37　信息窗口

（5）等待信息窗口提示后处理完成后，打开 NC 程序文件输出位置，可以看到已经生成了名称为"D12R1 – CU. tap"的粗加工 NC 程序。用"记事本"程序打开该文件，可以查看和修改生成的 NC 程序，如图 2 – 38 所示。这就完成了粗加工刀具路径"D12R1 – CU"的后处理。

图 2 – 38　粗加工 NC 程序

（6）参照上述步骤，对精加工刀具路径"BN12 – JING"进行后处理，生成精加工NC 程序。

> **提示**
>
> 上面介绍了如何将几个刀具路径分别写成独立的 NC 程序文件，也可以将几个刀具共同生成一个 NC 程序文件。例如本例中，通过资源管理器可以先创建一个 NC 程序"1"，可在将刀具路径"D12R1 – CU"和"BN12 – JING"都增加到 NC 程序"1"中之后，再对 NC 程序"1"执行写入操作，这样便共同生成一个 NC 程序文件。
>
> 对于不能自动换刀的刀具机床，在生成 NC 程序时，最好一个刀具路径生成一个独立的 NC 程序。如果数控机床具有自动换刀功能，可以将不同刀具的几个刀具路径生成一个 NC 程序。

步骤 7　保存项目文件

单击"快速访问工具栏"中的"保存项目"按钮，或者选择【文件】→【保存】菜单命令，打开"保存项目为"对话框，从"保存在"下拉列表中选择要保存项目的位置，在"文件名"编辑框中输入项目名"chapter02"，然后单击 保存(S) 按钮即可保存项目，如图 2 – 39 所示。

如果之前已经保存过项目文件，当再次执行保存项目操作时，系统将直接更新项目而不再打开"保存项目为"对话框。以后如果需要，可以重新打开保存在外部文件夹中的项目。

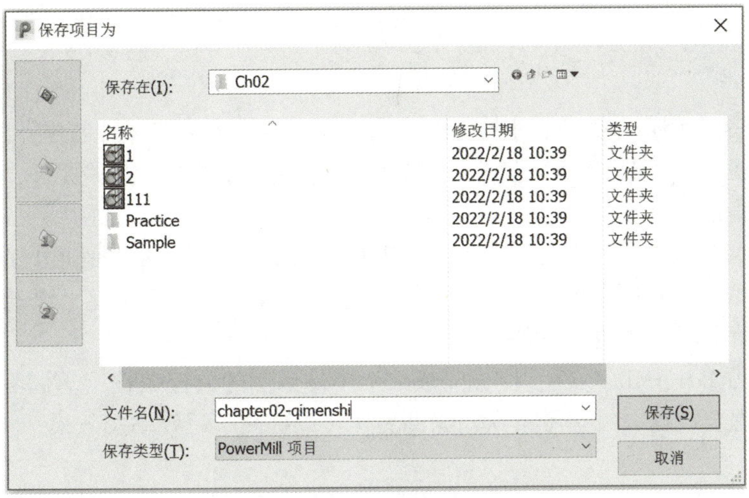

图 2-39 "保存项目为"对话框

步骤 8　气门室凸模零件程序传输加工

PowerMill 后处理生成的程序，可以通过 CF 卡或者数据线传输至数控机床进行加工。以 FANUC 数控机床为例，数据线传输程序的具体操作步骤如下。

（1）FANUC 数控机床程序传输流程。

FANUC 数控机床接收程序操作步骤：编辑→PROG→操作→READ→输入程序号（OXXXX）→执行（exe）→SKP 闪动→计算机端发送。

（2）FANUC 程序传输。

将 FANUC 数控机床打开到 MDI 挡位→按程序键（PROG）→按拓展键→选择"列表 +"选项→按操作键→按拓展键→选择"输入"选项。

（3）模拟程序加工，检验程序是否正确。

（4）FANUC 数控机床对刀。

加工零件前进行编程时，必须确定一个工件坐标系；而在数控铣床加工零件时，必须确定工件坐标系原点的机床坐标值，然后输入机床坐标系设定页面相应的位置（G54 - G59）；要确定工件坐标系原点在机床坐标系中的坐标值，必须通过对刀才能实现。常用的对刀方法有用铣刀直接对刀、寻边器对刀。寻边器的种类较多，有光电式、偏心式等。

具体步骤如下。

①装夹工件，装上刀具组或寻边器。

②在手摇脉冲发生器分别进行 X、Y、Z 坐标轴的移动操作。

在"AXIS SELECT"旋钮中分别选取 X、Y、Z 轴，然后刀具逐渐靠近工件表面，直至接触工件表面。

③进行必要的数值处理计算。

④将工件坐标系原点在机床坐标系中的坐标值设定到 G54 - G59 G54.1 - G54.48 存储地址的任一工件坐标系中。

⑤验证对刀的正确性。如在 MDI 方式下运行"G54 G01 X0 Y0 Z10 F1000"。

（5）机床试切加工

项目评价

（1）读者必须明确创建毛坯的重要作用，灵活掌握各种毛坯的创建方法。

（2）掌握各种刀具的命名方式，如果连刀具的命名方式都没掌握好，则必定被认为缺乏数控编程经验。

（3）学会输入不同格式的模型文件，其中"*.stp"和"*.igs"是通用的三维格式。

（4）在编程过程中，要及时保存，不能等到编程完成后才保存，以避免编程过程中出现意外情况而导致功亏一篑。

（5）学习 PowerMill 软件，应先完成一个零件示例的数控编程，掌握零件的加工工序和数控编程全过程，再学习重点知识，这样可以提高学习效率及效果。

项目练习

（1）如何在 PowerMill 中创建各种刀具？不同刀具应如何命名？

（2）输入本书配套素材中的"Ch02\Practice\facia.dgk"模型文件，如图 2-40 所示，先对模型进行特征细节检查和最小半径阴影查看，然后参照本项目所学知识对该模型进行编程加工。

图 2-40　练习 2 模型

知识链接

1. PowerMill 数控编程的一般步骤

本项目展示了 PowerMill 数控编程的一般步骤，主要包括输入模型、创建毛坯、创建刀具、设置安全区域、设置进给和转速、定义加工开始点和结束点、使用加工策略计算刀具路径、刀具路径仿真、生成 NC 程序和保存项目等。

相对于其他数控编程软件而言，PowerMill 最大的特点在于它不拘泥于严格的数控编程步骤，也就是说上述例子中的某些步骤可以调换、删除或添加。

例如，设置安全区域、设置进给和转速、定义加工开始点和结束点等这些步骤可以任意调换次序或者忽略这些步骤的设置而调用默认值。保存项目的步骤可以穿插于上述任意步骤之间，以避免在编程过程中丢失数据。

若读者具备丰富的数控加工经验，可通过生成的刀具路径来判断其合理性和正确性，因此可省略刀具路径仿真这一步骤而直接生成数控代码。

当然，数控编程存在一个基本的框架，即输入模型、创建毛坯、创建刀具、产生刀具路径和生成 NC 程序这 5 个步骤必不可少，且不能颠倒次序。总的来说，PowerMill 数控编程的流程如表 2-2 所示。

表 2-2 PowerMill 数控编程的一般流程

序号	步骤		备注
1	输入模型		输入要加工的对象，可直接输入多种格式的数据文件
2	准备加工	创建工作平面	工作平面即坐标系，可采用多种方式创建工作平面
		创建毛坯	毛坯也称为工件，可采用多种方式创建毛坯
		创建刀具	这 8 个步骤的顺序可任意排列，除创建刀具之外的另外 5 个步骤可省略而调用默认值
		设置安全区域	
		设置进给和转速	
		定义加工开始点和结束点	
		设置切入/切出	
		设置刀轴方向	
3	产生刀具路径		使用 2.5 维区域清除、三维区域清除、叶盘、钻孔、精加工等加工策略计算刀具路径
4	刀具路径仿真		此步骤可省略
5	生成 NC 程序		可生成任意格式的数控代码

2. 编辑工作平面

工作平面即用户坐标系在编程中非常重要，它直接影响加工的可行性和安全性。任务实施详细步骤中已介绍过用户坐标系的创建方法，这里介绍其编辑方法（即旋转和移动）。

（1）选择【文件】→【输入】→【模型】菜单命令，打开"输入模型"对话框，输入本书配套素材中的"Ch02\Sample\2DExample. dgk"文件。参照前面"步骤 2 准备加工"中介绍的方法创建工作平面"1"，并将其激活，如图 2-41 所示。

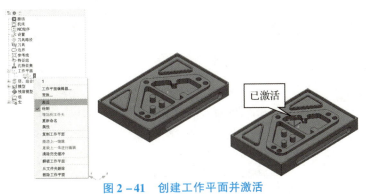

图 2-41 创建工作平面并激活

（2）用鼠标右键单击资源管理器中的工作平面"1"，从弹出的快捷菜单中选择【工作平面编辑器】命令，打开"工作平面编辑器"工具栏，如图2-42所示。

图2-42　"工作平面编辑器"工具栏

（3）单击"绕Z轴旋转"按钮 Ⓩ，在弹出的"旋转"对话框中输入角度值"270"，然后单击 接受 按钮，如图2-43所示。单击"工作平面编辑器"工具栏中的"接受" ✓ 按钮，此时工作平面"1"的方向变为图2-44所示。

图2-43　"旋转"对话框

图2-44　旋转后的工作平面"1"

（4）再次打开"工作平面编辑器"工具栏，单击"位置"按钮，打开"位置"对话框，在"X"编辑框中输入"-100"，其余保持默认，然后单击 接受 按钮，如图2-45所示。最后单击"工作平面编辑器"工具栏中的"接受改变"按钮完成移动，此时的工作平面"1"如图2-46所示。

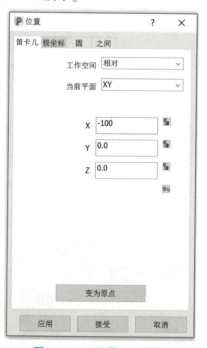

图2-45　"位置"对话框

图2-46 移动后的工作平面"1"

3. 模型特征细节检查

通过模型特征细节检查（即查看模型属性），可以获取相对于世界坐标系或激活的用户坐标系（如果存在）的模型尺寸。

用鼠标右键单击资源管理器中的"模型"选项，从弹出的快捷菜单中选择【属性】命令，可以打开模型信息窗口，如图2-47所示，可通过窗口中的数值修改用户坐标系的位置等。

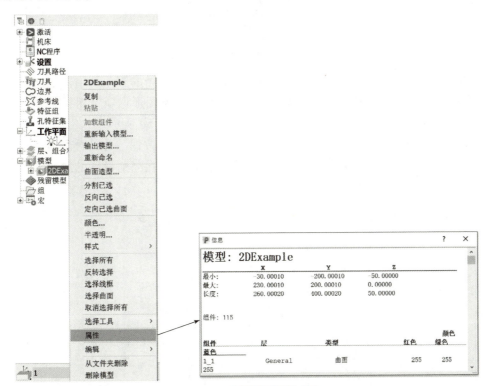

图2-47 查看模型属性信息

4. 最小半径阴影和拔模角阴影查看

通过分析模型中的最小圆角半径、模型中是否存在倒勾面，可以为选择加工刀具和产生刀具路径提供依据。将光标置于"查看"工具栏中的"普通阴影"按钮■上方，会出现"模型阴影"工具条，如图2-48所示。

图2-48 "模型阴影"工具条

1）"最小半径阴影"按钮

单击"模型阴影"工具条中的"最小半径阴影"按钮，系统会用红色显示模型中的小圆角，如图2-49所示。该功能可帮助编程人员识别指定刀具半径下不能切削的区域，即决定要用多小的刀具才能把模型完整地加工出来。

图2-49 最小半径阴影效果

这里的小圆角是指模型上任何小于指定的最小刀具半径的圆角。单击功能区"视图"选项卡"外观"面板右下角箭头标识，打开"模型图形选项"对话框，在"最小刀具半径"编辑框中可以输入最小刀具半径值，如图2-50所示。

这里将最小刀具半径值改为"3.5"，然后单击 接受 按钮，可以看到模型上以红色显示的区域现在变成了绿色，如图2-51所示，这表明在当前设置的最小刀具半径下可以加工零件的全部区域。

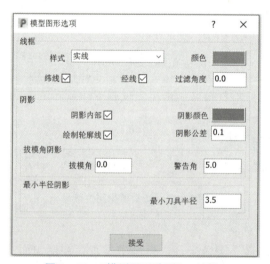

图2-50 "模型图形选型"对话框

图2-51 更改最小刀具半径后的效果

2)"拔模角阴影"按钮●

单击"模型阴影"工具栏中的"拔模角阴影"按钮●,系统会用红色显示模型中的倒勾面,如图2-52所示。该功能可帮助编程人员分析出当前刀轴方向切削不到的倒勾面。

绿色区域

红色区域

图2-52 拔模角阴影效果

在图2-53中,红色区域代表小于或等于当前在"模型图形选项"对话框(参见图2-50)中设置的拔模角(默认为"0")的区域;绿色区域代表大于当前在"模型图形选项"对话框中设置的警告角(默认为"5")的区域。

提示

拔模角阴影效果图中通常还会存在黄色区域,它代表位于当前设置的拔模角和警告角之间的区域。若按默认设置,则黄色区域代表角度为0°~5°的区域。

单击功能区"视图"选项卡"外观"面板右下角箭头标识□,打开"模型图形选项"对话框,这里将拔模角改为"-0.2",将警告角改为"0.2",然后单击 接受 按钮,可以看到模型上的所有红色区域消失,仅剩下绿色和黄色区域,如图2-53所示。这里的黄色区域表示垂直或近似垂直的面,因为此处拔模角和警告角之间的差值很小。

绿色区域

黄色区域

图2-53 更改拔模角和警告角后的效果

5. 测量模型

有时，可能需要获取模型上某些特征的尺寸信息。利用 PowerMill 提供的"测量器"工具可以非常方便地测量出直线、圆弧或圆的尺寸。

（1）在开始测量之前，需要先对捕捉过滤器进行一些设置。选择【文件】→【选项】→【应用程序选项】菜单命令，打开"选项"对话框，选择"智能光标"命令菜单中的【传统捕捉】命令，打开"传统捕捉"命令对话框，取消勾选"任意位置"复选框状态，如图 2-54 所示。

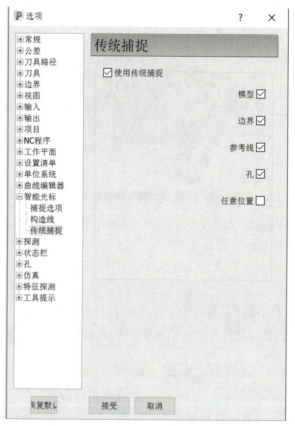

图 2-54　取消勾选"任意位置"复选框

（2）单击功能区"开始"选项卡"实用程序"面板上的"测量"按钮，打开"测量"对话框，单击"自 3 点的直径"按钮，测量模型上某孔尺寸，如图 2-55 所示。

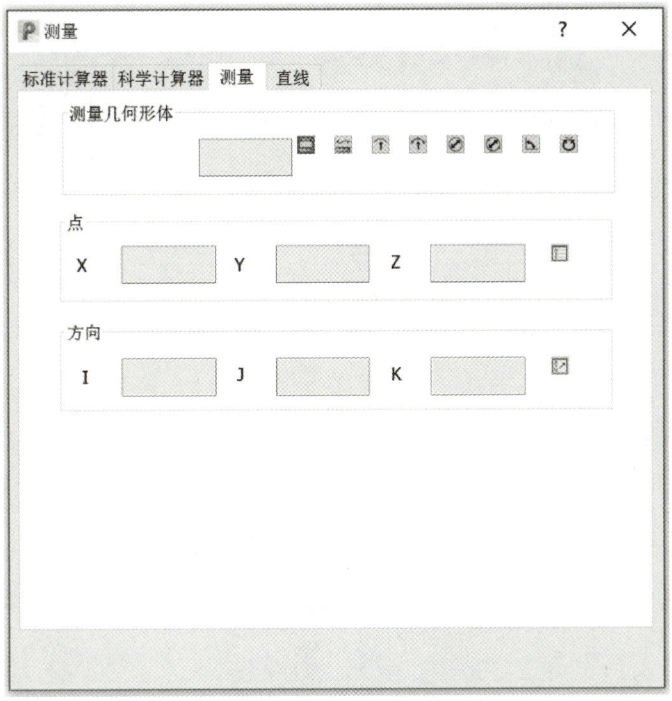

图2-55 "测量"对话框

（3）在要测量圆上的3个不同位置依次单击，指定开始点、中间点和结束点，如图2-56所示，可以看到"测量"对话框中已经出现了被测量圆形的尺寸值，如图2-57所示。

图2-56 三点测量圆弧直径

6. 常用的刀具路径策略

零件加工的一般步骤主要包括零件开粗、陡峭面等高（半精）精加工、平缓面平行（半精）精加工、平面精加工和钻孔加工等，因此需要使用 PowerMill 软件提供的各种刀具路径策略。

单击功能区"开始"选项卡"创建刀具路径"面板上的"刀具路径"按钮，打开"策略选择器"对话框，如图2-58所示。该对话框中提供了模型区域清除、等高精加工、最佳等高精加工、平行精加工、三维偏置精加工、偏移平坦面精加工等常用的加工策略。

图 2−57 测量结果

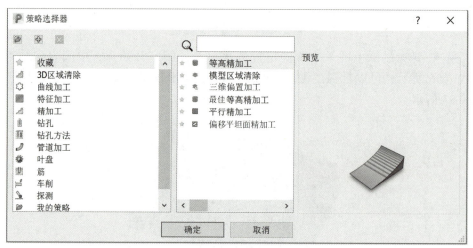

图 2−58 "策略选择器"对话框

1）模型区域清除

模型区域清除是指根据模型的形状进行开粗，去除大部分的余量，为后面的半精加工和精加工做准备，如图 2−59 所示。

图 2−59 模型区域清除

2）等高精加工

等高精加工主要用于模型的半精加工和精加工，其刀路简洁明了，且加工效率高。由于其加工特点是绕着模型的外表面加工，所以只适合模型陡峭区域的精加工和半精加工，如图 2 – 60 所示。

图 2 – 60　等高精加工

3）最佳等高精加工

最佳等高精加工是指在等高精加工的基础上，刀具对平坦的区域进行平行精加工，适合加工陡峭和平坦连接在一起的区域，如图 2 – 61 所示。

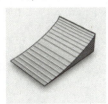

图 2 – 61　最佳等高精加工

4）平行精加工

平行精加工以平行的方式沿着模型曲面加工，加工效果好，但加工效率较低，如图 2 – 62 所示。

图 2 – 62　平行精加工

5）三维偏置精加工

三维偏置精加工是指刀具根据加工区域的形状进行偏置加工，可以精加工平面和曲面，也可以进行清角加工，如图 2 – 63 所示。

图 2 – 63　三维偏置精加工

6）偏置平坦面精加工

偏置平坦面精加工是指刀具根据模型平面的形状进行偏置式的平面精加工，其特点是只对平面进行加工，对其他非平面不进行加工，如图2-64所示。

图2-64　偏置平坦面精加工

7. 曲面方向颜色的调整

对于从"*.igs"等类型文件输入的模型，有时曲面方向不一致，在"普通阴影"模式下模型表面的个别曲面呈现不同的颜色，表明曲面的法线方向不一致，打开"输入模型"对话框，输入本书配套素材中的"Ch02\Sample\cowling-1.dgk"文件，如图2-65所示。

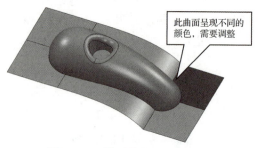

此曲面呈现不同的颜色，需要调整

图2-65　模型的个别曲面反向

此时，应将颜色不一致的曲面调整为统一方向，否则在计算边界或刀具路径时可能出错。具体方法为：选中要调整的曲面，在其上方单击鼠标右键，从弹出的快捷菜单中选择【反向已选】命令，如图2-66所示。也可通过"模型"选项卡的"编辑"面板上的"反向已选"按钮 进行操作。

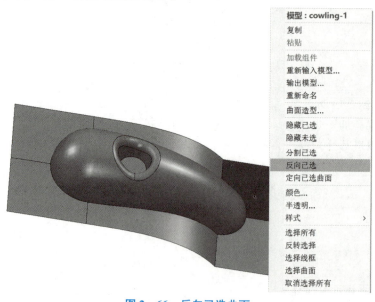

图2-66　反向已选曲面

项目三　常用加工策略

项目导入

在 PowerMill 系统中，一般使用 3D 区域清除策略来计算粗加工刀具路径。也可以通过灵活设置公差、余量以及下切步距等参数使用精加工策略来计算粗加工刀具路径。因此，粗、精加工刀具路径在计算策略上并没有绝对的划分。

常用来计算粗加工刀具路径的策略包括模型区域清除、等高切面区域清除、模型轮廓清除、残留模型区域清除等 8 种。其中，模型区域清除策略是清除毛坯中多余材料最常用的粗加工刀具路径策略，能够计算出平行、偏置模型、偏置全部和 Vortex 旋风铣 4 种样式的刀具路径。

经过粗加工和二次粗加工后，零件上多余的材料就比较少了，这样就可以安排半精加工和精加工工步。对于加工精度要求很高的零件，精加工前通常会安排半精加工，其目的是使零件上的余量均匀化，以减小加工过程中的振动，进而提高加工精度。

项目目标

★知识目标
（1）掌握模型区域清除策略；
（2）掌握 3D 偏移精加工策略；
（3）掌握刀具路线优化的方法。

★技能目标
（1）具备选择合理加工策略进行加工的能力；
（2）具备选择合理刀具进行加工的能力；
（3）具备制定配合件加工工艺的能力。

★素质目标
（1）培养学生知行合一的实践精神；
（2）培养学生勇于探索的守正创新精神；
（3）培养学生善于解决问题的锐意进取精神；
（4）培养学生不怕苦、不怕累的劳动精神。

项目任务

分析图 3-1 所示手机零件的加工工艺，完成该零件的编程加工。

图 3-1 手机零件模型

项目分析

此手机零件的加工分为两个步骤：粗加工和精加工。每个加工步骤的加工方式、刀具类型、刀具参数、公差和加工余量等工艺参数如表 3-1 所示。

表 3-1 手机零件数控加工工艺参数

序号	加工步骤	加工方式	刀具类型	刀具参数	公差/mm	加工余量/mm
1	粗加工	模型区域清除	刀尖圆角端铣刀	D20r2	0.1	0.5
2	半精加工	3D 偏移精加工	球头刀	D20r10	0.1	0.1
3	精加工	3D 偏移精加工	球头刀	D20r10	0.1	0

项目实施

步骤1 输入模型

启动 PowerMill 2021 软件，选择【文件】→【输入模型】菜单命令，打开"输入模型"对话框，输入本书配套素材中的"Ch03\Sample\phone.dgk"文件。

步骤2 准备加工

1. 创建毛坯

在 PowerMill "开始"功能区中，单击创建毛坯按钮，打开"毛坯"对话框，选择"绘制"选项，然后单击"计算"按钮，使用 PowerMill 软件默认参数创建方形毛坯。

2. 创建分中工作平面

在实际加工中，为了使毛坯四周加工量均匀以及安全、对刀方便，很多时候把工件坐标系设置在毛坯的上表面中心处。在对刀时，移动主轴或工作台寻找毛坯四边尺寸以求出模型上表面中心点在机床坐标系中

分中工作平面

的位置，这个过程称为"分中"，对刀坐标系即分中坐标系。CAD 模型中的设计坐标系即世界坐标系不一定设置在模型上表面中心位置，这就需要调整模型与坐标系的位置。PowerMill 软件模型分中的操作过程是：创建毛坯，使用工作平面创建分中坐标系，最后将模型从激活工作平面变换到世界坐标系中即完成分中操作。

（1）在 PowerMill 资源管理器中，用鼠标右键单击"工作平面"树枝，在弹出的快捷菜单中单击【产生并定向工作平面】→【使用毛坯定位工作平面】命令，系统即在毛坯的一些特殊点位置标记出圆点符号，如图 3 - 2 所示。

图 3 - 2　创建分中平面

（2）在图 3 - 2 上十字光标所指位置单击，系统即创建出分中工作平面（即工作平面"1"，在资源管理器的"工作平面"树枝下可见）。

（3）在资源管理器中，双击"模型"树枝，将它展开。用鼠标右键单击该树枝下的"phone"节点，在弹出的快捷菜单条中选择【编辑】→【变换】命令，打开"变换模型"对话框。按图 3 - 3 所示设置参数，将模型从激活工作平面变换到世界坐标系。

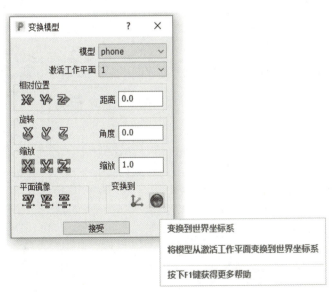

图 3 - 3　变换设置

（4）在资源管理器中，用鼠标右键单击工作平面"1"，在弹出的快捷菜单中执行【删除工作平面】命令。重新打开"毛坯"对话框，单击对话框中的"计算""接受"

按钮，使用默认参数重新创建出一个长方形毛坯。世界坐标系现在处于毛坯上表面中心，如图3-4所示。

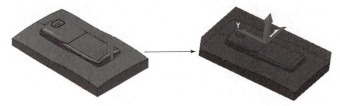

图3-4　模型分中后坐标图

3. 创建加工刀具

在PowerMill功能区"开始"选项卡中选择【创建刀具】→【刀尖圆角端铣刀】命令，打开"刀尖圆角端铣刀"对话框，设置一直径为20、刀尖半径为2的刀尖圆角端铣刀，刀柄和夹持这里不再设置。

再创建一把直径为20的球头刀。在资源管理器内的"刀具"选项中可以看到2把刀具，如图3-5所示。

图3-5　加工刀具

创建刀具
生成安全区域

4. 设置安全区域

在PowerMill功能区"开始"选项卡中单击"刀具路径设置"→"刀具路径连接"按钮，打开"刀具路径连接"对话框，依次设置安全区域、开始点和结束点，如图3-6所示，也可以在加工策略内设置。

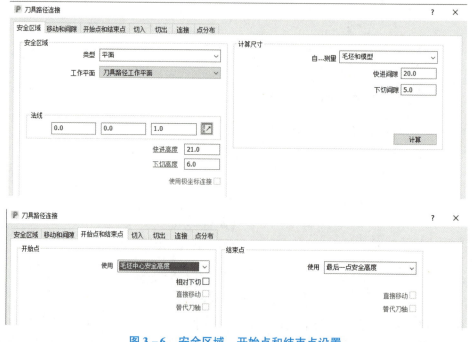

图3-6　安全区域、开始点和结束点设置

步骤3 计算粗加工刀具路径

在 PowerMill 功能区"开始"选项卡中单击"创建刀具路径"按钮，打开"策略选择器"对话框，选择"3D 区域清除"选项卡，在该选项卡中选择"模型区域清除"策略，单击"确定"按钮，打开"模型区域清除"对话框，按图 3-7 所示设置参数。

粗加工的4种刀路样式：
①平行：每层的刀路为平行线，零件轮廓处有一圈绕轮廓的刀路；
②偏移模型：每层的刀路为该层上零件轮廓线的偏置线；
③偏移所有：每层的刀路为该层上毛坯轮廓和零件轮廓线的偏置线；
④Vortex旋风铣：后面将详细介绍

图 3-7 设置粗加工参数

在"模型区域清除"对话框左侧的列表框中单击"刀具"选项，确保右侧区域选用的刀具是"D20r2"。

粗加工
模型区域清除

在"模型区域清除"对话框左侧的列表框中依次单击"偏移"选项、"高速"选项，确保右侧区域按图 3-8 设置"偏移"和"高速"加工参数。

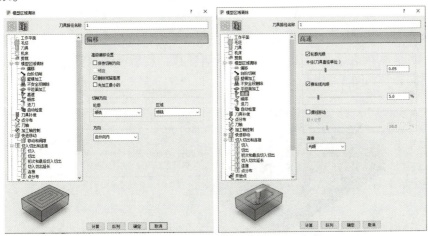

图 3-8 设置"偏移""高速"加工参数

提示

"轮廓光滑"的含义是每个切削层上的刀具路径在零件尖角部位倒圆,以避免刀具切削方向急剧变化。PowerMill软件用"半径(刀具直径单位)"来设置刀具路径在尖角部位倒圆角的半径大小。其大小用当前加工刀具直径乘以一个倍数来计算,这个倍数即"刀具直径单位",它的取值范围是 0.005~0.2 mm。

"赛车线光顺"是PowerMill软件独有的高速粗加工技术。该技术使刀具路径在许可步距范围内进行光顺处理,远离零件轮廓的刀具路径的尖角处用倒圆角代替,使刀具路径的形式就像赛车道。赛车线刀具路径的外层刀具路径是偏离其原始刀具路径得来的,需要定义一个偏离系数。偏离系数是行距的倍数,最大偏离系数是行距的40%。

在"模型区域清除"对话框左侧的列表框中单击"切入"选项,第一选择为"斜向",并单击"打开斜向切入选项"图标▱,弹出"斜向切入选项"对话框,按图3-9所示设置参数。"连接"设置选择"掠过"。

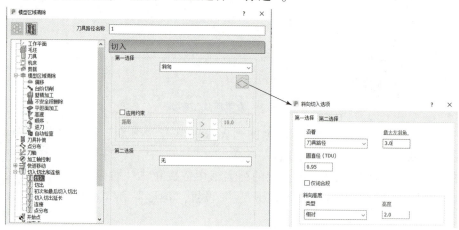

图3-9 切入参数设置

在"模型区域清除"对话框左侧的列表框中单击"进给和转速"选项,设置"主轴转速"和"切削进给率",也可以采用默认参数,然后单击"计算"按钮,生成粗加工刀具路径,如图3-10所示。

提示:可以采用不同的刀路样式和切入切出、连接方式进行计算,观察不同的参数设置对刀具路径的影响

图3-10 粗加工刀具路径

步骤4 计算半精加工刀具路径

由于手机模具零件大部分是浅滩型面，为了保持行距的一致性，采用3D偏移精加工策略计算半精加工刀具路径。

在PowerMill的功能区"开始"选项卡中单击"刀具路径"按钮，打开"策略选择器"对话框，选择"精加工"→"3D偏移精加工"选项，弹出"3D偏移精加工"对话框，按图3－11所示设置参数，勾选"光顺""中心线"复选框，"切削方向"选择"任意"，余量为"0"，行距为"2.0"。"切入""切出"选择"无"，"连接"选择"在曲面上"。打开"进给和转速"对话框，按图3－12所示设置参数。

单击"计算"按钮，生成半精加工刀具路径，如图3－13所示。环绕的刀具路径在零件型面上产生了4个转角，刀具路径存在转弯就会留下刀痕，对于型面有纹理走向要求的零件，并不是理想的精加工刀具路径。下面通过参考线优化精加工刀具路径。

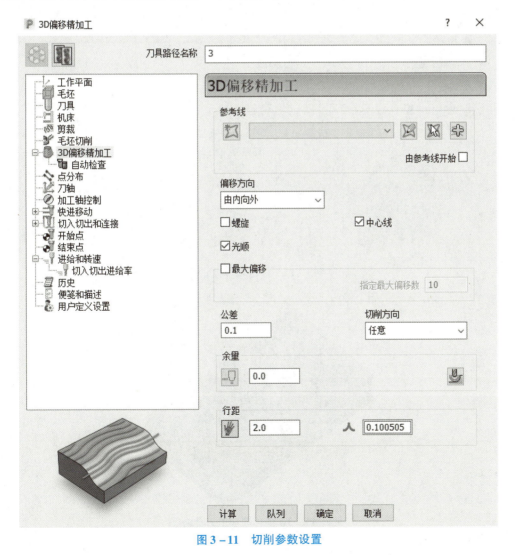

图3－11 切削参数设置

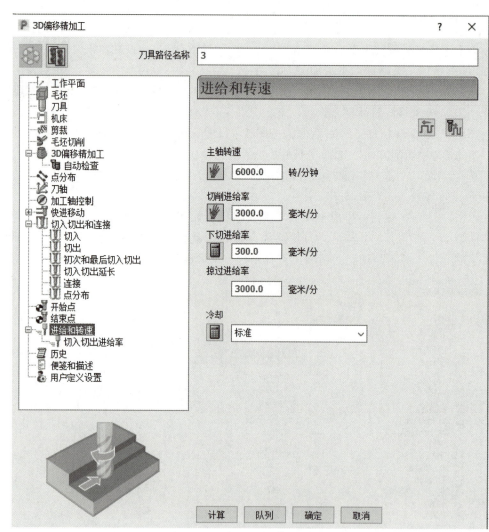

图 3-12 进给和转速设置

图 3-13 3D 偏移精加工刀具路径

步骤5 计算精加工刀具路径

1. 创建参考线

在 PowerMill"查看"工具栏中单击"从上查看（Z）"按钮 ▭，将模型摆平。在 PowerMill 资源管理器中用鼠标右键单击"参考线"树枝，在弹出的快捷菜单条中执行【创建参考线】命令，系统即创建出一条新的名称为"1"的参考线。

创建参考线

用鼠标右键单击参考线"1"，在弹出的快捷菜单条中选择"曲线编辑器"选项，调出"曲线编辑器"工具栏。单击"绘制连续直线"按钮 ⁄⁄，光标变为十字光标，在绘图区绘制图 3-14 所示的一条直线。单击"接受"按钮，完成参考线的绘制。

图 3-14 绘制参考线

2. 计算精加工刀具路径

在 PowerMill 资源管理器中，双击"刀具路径"树枝，用鼠标右键单击"半精加工刀具路径"节点，在弹出的快捷菜单条中选择"设置"选项，打开"3D 偏移精加工"对话框。在"3D 偏移精加工"对话框中单击"复制刀具路径"按钮 ▤，系统复制出一条新的刀具路径，命名为"精加工刀具路径"，同时，该刀具路径的参数处于激活状态。

精加工
刀具路径

按图 3-15 所示修改 3D 偏移精加工的参考线，即选择参考线"1"，其他设置不变，单击"计算"按钮，系统计算出图 3-16 所示的精加工刀具路径。

图 3-16 所示的精加工刀具路径有以下特点。

（1）在浅滩型面以及陡峭型面部位，刀具路径分布的行距都是均匀的。

（2）刀具路径基本上按照参考线的走向以及形式分布，消除了 4 个转弯，尽量避免了刀具路径中存在拐弯的情况。

图 3 – 15　加工参数设置

图 3 – 16　精加工刀具路径

步骤 6　保存项目文件并生成 NC 程序

在 PowerMill 的功能区，选择【文件】→【保存】命令，打开"保存项目为"对话框，选择保存目录，输入项目文件名称"03phone"，单击"保存"按钮，完成项目文件保存。

仿照项目二的后处理操作生成 NC 程序。

步骤 7　NC 程序传输，数控机床加工

项目评价

在实际编程过程中，在 3D 偏移精加工策略中加入一条合适的参考线是很实用的一种做法。参考线在计算过程中起到了引导线的作用，使 3D 偏移刀具路径按照参考线的走向和形式来排列。

在绘制参考线时，要注意以下两点。

（1）参考线必须在加工范围内。

（2）用作引导线的参考线一般是直线，而且应尽量简单。

在编程时，可以尝试使用不同的参考线来计算 3D 偏移精加工刀具路径，通过比较各精加工刀具路径的优劣来区别所绘制参考线的优劣，从而逐步掌握用作引导线的参考线的绘制技巧。

项目练习

输入本书配套素材中的"Ch03Practice\bingdund. dgk"模型文件，如图 3－17 所示，认真分析模型，选择合适的刀具和刀具路径策略，编写合理而又高效的加工程序，并对生成的刀具路径进行编辑。

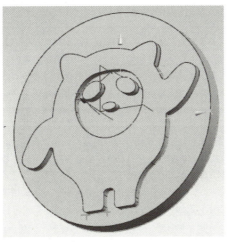

图 3－17　模型

1. 影响粗加工效率的因素

粗加工追求的是效率，因此，衡量粗加工路径质量高低的主要指标之一是切削时间。不同的策略，其计算粗加工刀具路径的算法不同，加工效率就不一样。影响粗加工效率的主要因素如表 3–2 所示。

表 3–2　影响粗加工效率的主要因素

影响因素	原因分析
公差	公差直接影响插补精度，插补点数量的多少对进给和转速也有直接的影响。公差值越大，系统计算的插补点越少，数控机床要走的行程点也越少，数控机床的实际进给和转速与程序中设置的进给和转速相差就越小，从而提高加工效率。粗加工公差一般设置为 0.1 mm，半精加工公差一般设置为 0.05 mm，精加工公差一般设置为 0.01 mm
切削用量	切削用量决定金属去除率。铣削四要素为切削速度（主轴转速）v_c、进给量 f、侧吃刀量 a_e 以及背吃刀量 a_p。金属去除率 Q 直接与 f、a_e、a_p 相关，其计算公式为：$$Q = \frac{f a_e a_p}{1\ 000}$$ 在计算刀具路径时，增加行距以及下切步距，同时提高进给量，可以直接提高金属去除率，从而提高粗加工效率
提刀次数	在加工过程中，数控机床每提刀一次，都会出现空行程，同时会出现下切速度较慢的切入进给段，提刀次数越多，粗加工效率越低。粗加工刀具路径的提刀次数越少越好，这是衡量 CAM 软件粗加工刀具路径优劣的最直接、最明显的要素之一。因此，具有过多提刀次数的粗加工程序必须进行优化，可以采取以下几种方法进行优化。 1. 改变切削方向。设置轮廓切削方向和区域切削方向为"任意"，能大大减少提刀次数。 2. 使用边界约束进刀位置，从而减少提刀次数。 3. 在粗加工工步之前预先钻孔，使每层切削的进刀位置固定为孔位置，从而可以设置切入方式为直接切入，提高切削效率
进刀方式	进刀方式一般分为直接下刀、斜线下刀以及螺旋线下刀 3 种。直接下刀是效率最高的一种进刀方式，用于非金属材料切削加工。切削金属材料时，出于保护数控机床、刀具和工件的目的，在计算刀具路径时，一般会设置进刀方式为斜线下刀或螺旋线下刀，但是这两种方式均会显著改变数控机床运行过程中的进给和转速，从而降低粗加工效率
进给方式	进给方式就是刀具轨迹的分布方式，最基本的两种进给方式是平行线进给以及偏置轮廓线（轮廓线是指在某一 Z 高度方向上的零件轮廓以及毛坯轮廓）进给。高效的进给方式应该没有刀具轨迹的重叠现象，刀具路径的段与段之间的转弯过渡处应该倒圆角处理，不要出现直角或尖角转弯的刀具路径。 另外，偏置轮廓线刀具路径需要 X 轴和 Y 轴联合插补运动来完成，它的效率不如平行线进给方式，因此，高效的粗加工刀具路径要求偏置轮廓线刀具路径少
下刀点	在粗加工过程中，下刀点如果数目过多，而且不在同一位置，会显著增加数控机床空行程时间，从而降低粗加工效率。通常希望粗加工下刀点都落在同一点

2. 影响精加工质量的因素

精加工主要追求机械加工精度和机械加工表面质量。加工精度通常包括以下 3 个方面的内容。

（1）尺寸精度：指加工后零件的实际尺寸与零件尺寸的公差带中心的符合程度。

（2）形状精度：指加工后零件表面的实际几何形状与理想的几何形状的符合程度。

（3）位置精度：指加工后零件有关表面之间的实际位置与理想位置的符合程度。

综合来讲，影响精加工质量的主要因素如表 3 - 3 所示。

表 3 - 3   影响精加工质量的主要因素

影响因素	原因分析
工艺系统的原始误差	工艺系统由数控机床、刀具系统、夹具以及工件组成，工艺系统中的各要素都存在原始误差，对零件的加工精度会产生影响，编程人员要高度注意这 4 个要素
力对加工精度的影响	在零件加工过程中，在各种力（夹紧力、切削力、离心力和重力等）的作用下，整个工艺系统要产生相应的变形并造成零件在尺寸、形状和位置等方面的加工误差
工艺系统刚度	在加工过程中，由于工艺系统在工件加工各部位的刚度不等会形成加工误差，所以切削力变化所引起工艺系统的相对变形也会形成加工误差
切削用量	编程人员需要特别注意切削用量。加工塑性材料时，切削速度对表面粗糙度的影响较大，切削速度越高，切削过程中切屑和加工表面层的塑性变形程度越小，加工后表面粗糙度也就越低。
公差	编程策略中的公差对加工精度和表面加工质量的影响非常显著，公差越小，加工精度和表面加工质量就越高，反之则越低
行距	行距即切削宽度，属于切削用量之一，行距对加工表面质量有直接影响。对于给定的切削加工工艺系统，编程者无法在原始误差和工艺系统刚度两个方面下功夫。但是，在使用自动编程系统计算刀具路径时，为了提高精加工精度和表面加工质量，可以在切削用量、公差和行距以及切削力对加工精度的影响方面多做一些工作

3. 3D 偏移精加工策略

3D 偏移精加工是指系统在 X、Y、Z 3 个坐标方向上偏移零件内、外轮廓线一个行距值而获得刀具路径。3D 偏移精加工策略根据三维曲面的形状定义行距，系统在零件的平坦区域和陡峭区域都能计算出行距均等的刀具路径。零件的平坦面和陡峭面均能获得稳定的残留高度，表面加工质量稳定，是一种应用极为广泛的精加工策略。图 3 - 18 所示为 "3D 偏移精加工" 对话框，各选项功能及应用介绍如下。

（1）参考线：由用户指定一条已经创建好的参考线，系统按照这条参考线的形状和走势计算 3D 偏移刀具路径（参考线功能是一个可选功能，不指定参考线时，系统同样能计算出刀具路径）。

图 3 – 18　"3D 偏移精加工"对话框

（2）勾选"由参考线开始"复选框，刀具路径从参考线位置开始生成。

（3）偏移方向：指定用于计算刀具路径偏移的方向，包括以下 2 个选项。

①由外向内：将零件轮廓线由外向内地计算刀具路径偏移，适用于凹模加工。

②由内向外：将零件轮廓线由内向外地计算刀具路径偏移，适用于凸模加工。

（4）螺旋：由零件轮廓外向零件轮廓内产生连续的螺旋状偏移刀具路径，使刀具路径按螺旋线生成，能减少提刀次数。

（5）勾选"光顺"复选框，系统对 3D 偏移精加工刀具路径在转角处进行倒圆处理。

（6）勾选"中心线"复选框，将在 3D 偏移刀具路径的中心增加刀具路径。该选项有利于去除刀具路径中心的小残留高度。

（7）指定最大偏移数：指定对零件轮廓进行偏置的次数，也就是由零件轮廓外向内生成多少条刀具路径。如，勾选"最大偏移"复选框，并设置最大偏移数是 10 时，就会生成 10 条刀具路径。

项目四　刀具路径编辑

项目导入

在机械零件上，常常会有一些完全对称的结构特征，在计算完刀具路径后，可以以镜像的方式生成其对称结构的刀具路径。另外，在使用 3D 偏移精加工策略时，根据加工对象的凹凸结构，常常要通过编辑功能改变刀具路径的加工先后顺序。因此，掌握刀具路径编辑功能显得非常重要。

项目目标

★知识目标

（1）掌握刀具路径的复制；

（2）掌握路径的变换；

（3）掌握刀具路径的剪裁；

（4）掌握刀具路径开始点的移动。

★技能目标

（1）具备合理变换刀具路径的能力；

（2）具备选择正确方式剪裁刀具路径的能力；

（3）具备判断刀具路径好坏的能力。

★素质目标

（1）培养学生知行合一的实践精神；

（2）培养学生勇于探索的守正创新精神；

（3）培养学生善于解决问题的锐意进取精神；

（4）培养学生不怕苦、不怕累的劳动精神。

项目任务

矩形槽零件如图 4-1 所示，要求编制该零件中各个型腔（矩形槽）的精加工刀具路径。

项目分析

在图 4-1 所示矩形槽零件中，分布有 24 个型腔结构。零件上的这些型腔是直壁的，深度为 26 mm，圆角半径为 5 mm，拟用直径为 10 mm 的端铣刀，采用轮廓精加工策略计算单个型腔的精加工刀具路径。在计算完零件左下角处的一个型腔的精加工刀具路径后，通过平移复制出其余 23 个型腔的精加工刀具路径。

图 4 − 1　矩形槽零件

项目实施

步骤 1　输入模型

启动 PowerMill 软件，选择【文件】→【输入】菜单命令，单击 按钮，打开"输入模型"对话框，输入本书配套素材中的"Ch04\Sample\juxingcao. dgk"文件，效果如图 4 − 1 所示。

输入模型

步骤 2　准备加工

1. 创建毛坯

单击功能区"开始"选项卡"刀具路径设置"面板中的"毛坯"按钮 ，打开"毛坯"对话框，保持系统默认设置，先单击 计算 按钮，再单击 接受 按钮，系统即计算出方形毛坯，如图 4 − 2 所示。

加工准备

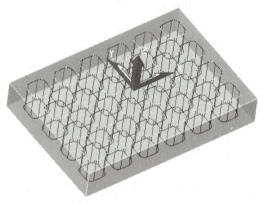

图 4 − 2　创建毛坯

2. 创建刀具

用鼠标右键单击资源管理器中的"刀具"选项，从弹出的快捷菜单中选择【创建刀具】→【端铣刀】命令，打开"端铣刀"对话框，设置刀具名称为"D10"，直径为"10"，然后单击 关闭 按钮，创建出精加工所用刀具，如图4-3所示。

图4-3 创建刀具

3. 设置进给和转速

单击功能区"开始"选项卡中的"进给和转速"按钮 进给和转速，打开"进给和转速"对话框，设置主轴转速为"4000"，切削进给率为"5000"，下切进给率为"1000"，掠过进给率为"5000"，单击 应用 按钮，然后单击 关闭 按钮，如图4-4所示。

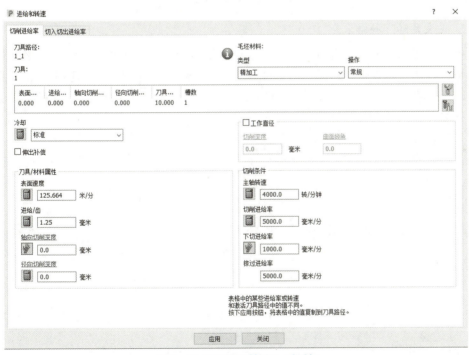

图4-4 "进给和转速"对话框

4. 设置快进高度

单击功能区"开始"选项卡"刀具路径设置"面板中的"刀具路径连接"按钮 刀具路径连接，打开"刀具路径连接"对话框，选择"安全区域"选项卡，设置快进间隙为"5.0"，下切间隙为"5.0"，单击 计算 按钮，再单击 应用 按钮，完成快进高度设置，如图4-5所示。

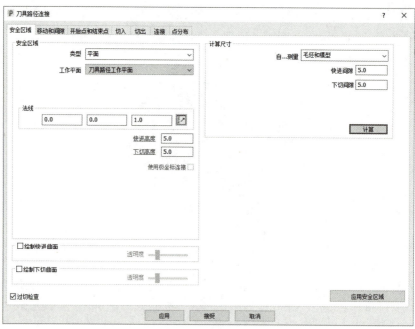

图 4 – 5　快进高度设置

5. 定义开始点和结束点

单击功能区"开始"选项卡"刀具路径设置"面板中的"刀具路径连接"按钮，打开"刀具路径连接"对话框，选择"开始点和结束点"选项卡，保持系统默认的开始点和结束点设置，单击 接受 按钮，完成加工开始点和结束点设置，如图 4 – 6所示。

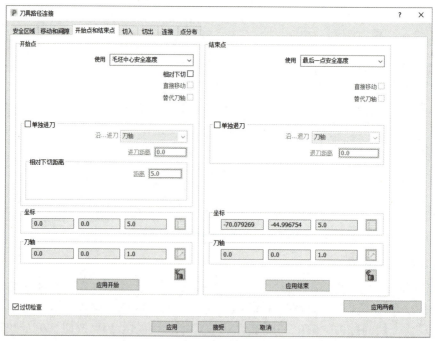

图 4 – 6　加工开始点和结束点设置

步骤 3 计算单个型腔精加工刀具路径

（1）在图形显示区中，选中模型左下角型腔的底面（即左下角那个槽的底面），如图 4 - 7 所示。

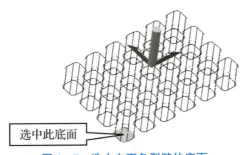

单个型腔
精加工刀具路径

选中此底面

图 4 - 7 选中左下角型腔的底面

（2）单击功能区"开始"选项卡"创建刀具路径"面板中的"刀具路径"按钮，打开"策略选择器"对话框，选择"精加工"→"轮廓精加工"策略后，单击 确定 按钮，打开"轮廓精加工"对话框，将刀具路径名称命名为"D10 - dan"，按照图 4 - 8 所示设置轮廓精加工参数。

图 4 - 8 设置轮廓精加工参数

（3）在"轮廓精加工"对话框左侧的列表框中单击"轮廓精加工"→"多重切削"选项，然后在右侧区域按照图 4 - 9 所示设置多重切削参数。

图 4-9　设置多重切削参数

（4）在"轮廓精加工"对话框左侧的列表框中单击"切入切出和连接"→"连接"选项，然后在右侧区域按照图 4-10 所示设置轮廓精加工的连接方式。

图 4-10　设置轮廓精加工的连接方式

（5）设置完以上参数后，单击 计算 按钮，系统会计算出图 4 – 11 所示的单个型腔精加工刀具路径。最后关闭"轮廓精加工"对话框即可。

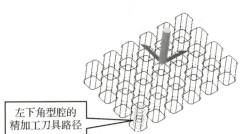

左下角型腔的
精加工刀具路径

图 4 – 11　单个型腔精加工刀具路径

步骤 4　变换刀具路径与过切检查

变换刀具路径主要是指移动（含复制）、旋转（含复制）、镜像（即对称复制）、多重变换（即阵列复制）刀具路径。在进行变换操作之前，通常先将原始的主刀具路径复制一份。

变换刀具路径
和过切检查

这里使用变换刀具路径中的移动复制功能，为其余 23 个型腔编制精加工刀具路径。

1. 沿 X 轴方向移动复制刀具路径

（1）用鼠标右键单击资源管理器中的刀具路径"D10 – dan"，从弹出的快捷菜单中选择【编辑】→【复制刀具路径】命令，则在刀具路径列表中复制出名称为"D10 – dan_l"的刀具路径。

（2）先将刀具路径"D10 – dan_l"激活，然后用鼠标右键单击该刀具路径，从弹出的快捷菜单中选择【编辑】→【变换…】命令，打开"刀具路径变换"工具栏，如图 4 – 12 所示。

移动　旋转　镜像　多重变换　变换到工作平面　变换到世界坐标系　　附加刀具路径　刀具路径组顺序　换刀顺序　撤消　重做　接受　取消

变换　　　　　　　　　　　　　　刀具路径变换选项　　　　　历史　　完成

图 4 – 12　"刀具路径变换"工具栏

（3）单击"刀具路径变换"工具栏"变换"面板中的"移动"按钮，打开"移动"工具栏，单击"保留原始"按钮 ，在"复制件数"编辑框中输入"5"，如图 4 – 13 所示。

移动

复制件数 5

图 4 – 13　"移动"工具栏

（4）单击"状态"工具栏中的"打开位置表格"按钮 ，打开"位置"对话框，如图 4 – 14 所示，在"笛卡儿"选项卡下的"X"编辑框中输入"30"，其余参数保持默认，然后单击 应用 按钮，可以看到系统沿 X 轴方向复制出了右侧 5 个型腔的精加工刀具路径，如图 4 – 15 所示。

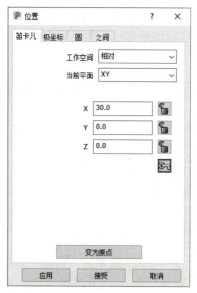

图 4 – 14 "位置" 对话框

图 4 – 15 沿 X 轴方向移动复制型腔精加工刀具路径

（5）先将"位置"对话框和"移动"工具栏关闭，然后单击"刀具路径变换"工具栏"刀具路径变换选项"面板中的"附加刀具路径"按钮，最后单击✔按钮。

2. 对复制的刀具路径进行过切检查

此时，资源管理器中新生成的刀具路径"D10 – dan_l_l"旁带有黄色问号图标，如图 4 – 16 所示，表示还未对此刀具路径对照模型进行过切检查。

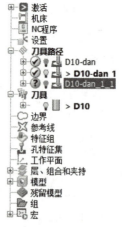

图 4 – 16 未进行过切检查的刀具路径

（1）先将刀具路径"D10－dan_l_l"激活，然后用鼠标右键单击该刀具路径，从弹出的快捷菜单中选择【检查】→【刀具路径】命令，打开"刀具路径检查"对话框，按照图4－17所示设置检查参数后，单击 应用 按钮，系统即对刀具路径进行检查。

图4－17　"刀具路径检查"对话框

（2）随后弹出图4－18所示的信息提示框，告知用户是否存在过切。由信息提示框可知，本刀具路径不存在过切，单击 确定 按钮，可以看到刀具路径"D10－dan_l_l"旁的图标已被更新为 ⊘，表示已对刀具路径进行了过切检查，如图4－19所示。

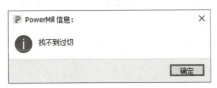

图4－18　信息提示框

（3）单击"刀具路径检查"对话框中的 接受 按钮，将其关闭。

操作至此，已经为第一行的6个型腔编制了精加工刀具路径，如图4－20所示。

3. 沿 Y 轴方向整行移动复制刀具路径

下面为剩余3行的18个型腔编制精加工刀具路径，通过沿 Y 轴方向对第一行（6

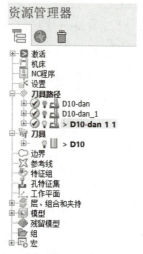

图 4 – 19　进行过切检查后的刀具路径

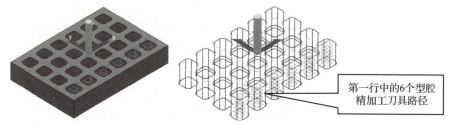

图 4 – 20　第一行中 6 个型腔的精加工刀具路径

个型腔）进行整行移动复制得到。

（1）用鼠标右键单击资源管理器中的刀具路径"D10 – dan_l_l"，从弹出的快捷菜单中选择【编辑】→【变换…】命令，打开"刀具路径变换"工具栏，如图 4 – 21所示。

图 4 – 21　"刀具路径变换"工具栏

（2）单击"刀具路径变换"工具栏"变换"面板中的"移动"按钮，打开"移动"工具栏，单击"保留原始"按钮，在"复制件数"编辑框中输入"3"，如图 4 – 22 所示。

图 4 – 22　"移动"工具栏

（3）单击"状态"工具栏中的"打开位置表格"按钮，打开"位置"对话框，如图 4 – 23 所示，在"笛卡儿"选项卡下的"Y"编辑框中输入"30"，其余参数保持默认，然后单击 [应用] 按钮，可以看到系统沿 Y 轴方向复制出了上方 3 行的 18 个型腔的精加工刀具路径，如图 4 - 24 所示。

图 4 - 23 "位置" 对话框

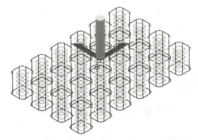

图 4 - 24 沿 Y 轴方向整行移动复制型腔精加工刀具路径

（4）先将"位置"对话框和"移动"工具栏关闭，然后单击"刀具路径变换"工具栏"刀具路径变换选项"面板中的"附加刀具路径"按钮，最后单击√按钮。

（5）参照前面介绍的方法，对新生成的刀具路径"D10 - dan_l_l_l"进行过切检查。矩形槽零件中 24 个型腔的精加工刀具路径如图 4 - 25 所示。

图 4 - 25 矩形槽零件中 24 个型腔的精加工刀具路径

步骤5 保存项目文件

单击"快速访问"工具栏中的"保存项目"按钮 ，打开"保存项目为"对话框，从"保存在"下拉列表中选择要保存项目的位置，在"文件名"编辑框中输入项目名"chapter04"，然后单击 保存(S) 按钮即可保存项目。

保存项目

> **提示**
>
> 利用"刀具路径变换"工具栏"变换"面板中的"多重变换"按钮，也可以为矩形槽中剩余的23个型腔快速创建精加工刀具路径，如图4-26所示，这种方法更加简便。

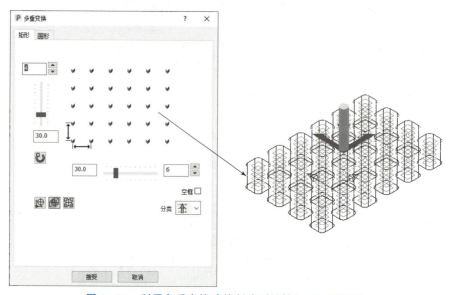

图4-26 利用多重变换功能创建型腔精加工刀具路径

步骤6 产生NC程序

（1）参照前述项目中介绍的方法，为矩形槽型腔精加工刀具路径"D10-dan_1_1_1"产生独立的NC程序。

（2）单击"快速访问"工具栏中的"保存项目"按钮 ，对已保存的项目文件进行更新。

产生NC程序

步骤7 NC程序传输，数控机床加工

项目评价

（1）刀具路径的好坏直接决定加工效率和加工精度，因此生成刀具路径后应进行刀具路径检查，将空刀删除。

（2）刀具路径编辑功能包括变换（移动、旋转、镜像、多重变换）、剪裁、分割、重排等操作，需要多做多练才能熟练掌握。

 项目练习

（1）输入本书配套素材中的"Ch04\Practice\fang.dgk"模型文件，如图4-27所示，认真分析模型，选择合适的刀具和刀具路径策略，编写合理而又高效的加工程序，并对生成的刀具路径进行编辑。

图4-27　练习1模型

（2）输入本书配套素材中的"Ch04\Practice\die.dgk"模型文件，如图4-28所示，认真分析模型，选择合适的刀具和刀具路径策略，编写合理而又高效的加工程序，并对生成的刀具路径进行编辑。

图4-28　练习2模型

 知识链接

1. 剪裁刀具路径

单击功能区"刀具路径编辑"选项卡"编辑"面板中的"剪裁"按钮，打开"刀具路径剪裁"对话框，如图4-29所示。该对话框中提供了按"平面""多边形""边界"3种方式剪裁刀具路径的功能。

1）按"边界"剪裁

按"边界"剪裁方式是指利用已定义的边界来剪裁刀具路径，可以选择保留边界内、外和两者区域的刀具路径。下面举例介绍按"边界"剪裁刀具路径的方法。

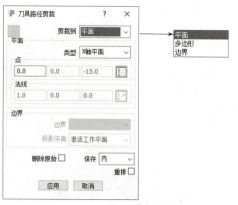

图 4 – 29 "刀具路径剪裁" 对话框

（1）启动 PowerMill 软件，选择【文件】→【输入】菜单命令，单击"模型"按钮，打开"输入模型"对话框，输入本书配套素材中的"Ch04\Sample\wujiaoxing.dgk"文件，效果如图 4 – 30 所示。

图 4 – 30 模型效果

（2）单击功能区"开始"选项卡"刀具路径设置"面板中的"毛坯"按钮，打开"毛坯"对话框，单击 计算 按钮，按模型的最小限/最大限计算毛坯，然后将最小 Z 值和最大 Z 值锁定（灰化），在"扩展"编辑框中输入"10"，再次单击 计算 按钮，最后单击 接受 按钮，系统即计算出方形毛坯，如图 4 – 31 所示。

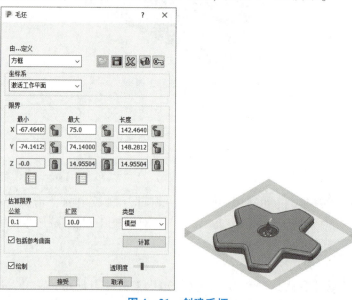

图 4 – 31 创建毛坯

（3）用鼠标右键单击资源管理器中的"刀具"选项，从弹出的快捷菜单中选择【创建刀具】→【球头刀】命令，打开"球头刀"对话框，设置刀具名称为"BN10"，直径为"10"，然后单击 关闭 按钮，创建出加工刀具，如图4-32所示。

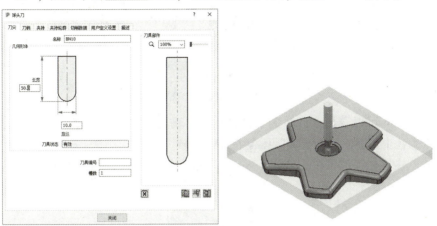

图4-32　创建球头刀

（4）单击功能区"开始"选项卡"刀具路径设置"面板中的"刀具路径连接"按钮 刀具路径连接，打开"刀具路径连接"对话框，选择"安全区域"选项卡，保持系统默认设置，先单击 计算 按钮，再单击 推荐 按钮。

（5）单击功能区"开始"选项卡"创建刀具路径"面板中的"刀具路径"按钮 刀具路径，打开"策略选择器"对话框，选择"精加工"→"等高精加工"策略后，单击 确定 按钮，打开"等高精加工"对话框，按照图4-33所示设置等高精加工参数。

图4-33　设置等高精加工参数

（6）单击"等高精加工"对话框中的 计算 按钮，系统会计算出图4-34所示的等高精加工刀具路径，最后关闭"等高精加工"对话框即可。

图4-34　等高精加工刀具路径

由图4-34可以看出，产生的等高精加工刀具路径并不适合零件的浅滩区域。下面通过产生一个边界来将刀具路径限制在陡峭区域。

（7）选中零件模型的主上表面，如图4-35所示。

图4-35　选中零件模型的主上表面

（8）用鼠标右键单击资源管理器中的"边界"选项，从弹出的快捷菜单中选择【创建边界】→【已选曲面】命令，打开"已选曲面边界"对话框，按照图4-36所示设置相关参数后，依次单击 应用 按钮和 接受 按钮，生成的边界如图4-37所示。

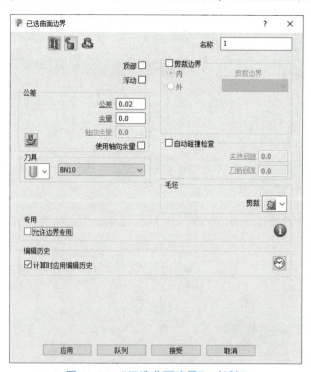

图4-36　"已选曲面边界"对话框

图 4 – 37　生成的边界

（9）用鼠标右键单击资源管理器中的刀具路径"1"，从弹出的快捷菜单中选择
【编辑】→【限制】命令，打开"刀具路径剪裁"对话框，按照图 4 – 38 所示设置
相关参数后，单击 应用 按钮，即产生一仅边界外存在刀具路径的新的刀具路径，
如图 4 – 39 所示。最后关闭"刀具路径剪裁"对话框。由图 4 – 39 可以看出，刀具
路径被限制在边界的外侧。

图 4 – 38　"刀具路径剪裁"对话框

图 4 – 39　剪裁后的刀具路径

提示

　　在图 4 – 38 中，勾选"删除原始"复选框，表示在产生剪裁刀具路径后，原始
刀具路径将被删除。

　　重新处理刀具路径时，任何相关的剪裁都不会应用到新的或编辑的策略中。

2）按"平面"剪裁

按"平面"剪裁方式是指通过定义一个平面，用该平面去剪裁刀具路径，可以选择要保留的一侧或两侧均保留。此方式允许用户在 X 轴、Y 轴或 Z 轴的指定位置定义一个法平面，还允许用户通过指定原点和法向矢量来定义一个剪裁平面，如图 4 - 40 所示。

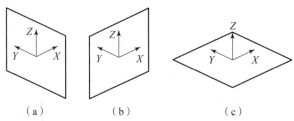

（a）　　　　　（b）　　　　　　　（c）

图 4 - 40　X 轴、Y 轴、Z 轴平面示意

（a）X 轴平面；（b）Y 轴平面；（c）Z 轴平面

图 4 - 41 所示为按"平面"剪裁刀具路径示意。

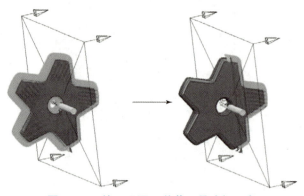

图 4 - 41　按"平面"剪裁刀具路径示意

3）按"多边形"剪裁

按"多边形"剪裁方式是指通过拾取一系列点定义一个任意条边的多边形，用该多边形去剪裁刀具路径，可以选择保留多边形边界内部、外部或两者的刀具路径部分。使用这种方式可以产生复杂形状的边界。

图 4 - 42 所示为按"多边形"剪裁刀具路径示意。

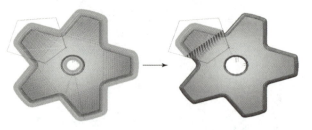

图 4 - 42　按"多边形"剪裁刀具路径示意

2. 分割刀具路径

有时，需要用某种刀具加工某个特定区域，但此刀具又不适合做向上的切削移动，此时可以使用分割刀具路径功能，分割出不同特性的刀具路径段。

在资源管理器中，用鼠标右键单击"刀具路径"选项下的某个刀具路径，从弹出的快捷菜单中选择【编辑】→【分割】命令，可以打开"分割刀具路径"对话框，如图 4 - 43 所示。该对话框中提供了 5 种刀具路径分割方式。

1）按角度分割刀具路径

如图 4 - 43 所示，设定一个零件表面与水平面的夹角，将该角度以上的刀具路径（陡峭区域）和该角度以下的刀具路径（浅滩区域）分割开来。

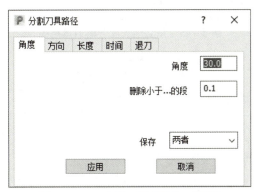

图 4 - 43 "分割刀具路径"对话框

2）按方向分割刀具路径

如图 4 - 44 所示，按方向分割刀具路径功能允许将刀具路径分割为向上切削移动的刀具路径和向下切削移动的刀具路径两个部分（零件平坦部位处的刀具路径归入向下的刀具路径部分）。

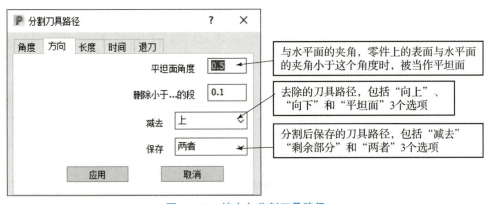

图 4 - 44 按方向分割刀具路径

3）按切削长度分割刀具路径

如图 4 - 45 所示，按切削长度分割刀具路径是指按照设置的切削长度值将刀具路径分割成若干段。

4）按切削时间分割刀具路径

如图 4 - 46 所示，按切削时间分割刀具路径是指按照设置的切削时间值将刀具路径分割成若干段。

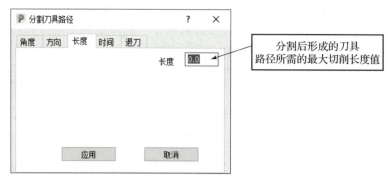

图 4 – 45　按切削长度分割刀具路径

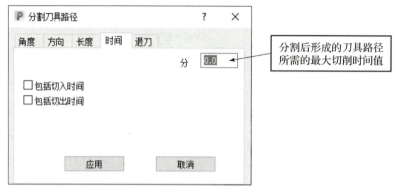

图 4 – 46　按切削时间分割刀具路径

5）按撤回处分割刀具路径

按撤回处分割刀具路径是指将刀具路径在撤回处分割成若干段。

3. 重排刀具路径

根据实际加工的需要，刀具路径的加工顺序和切削方向可能需要变更。另外，刀具路径被剪裁后，往往会产生大量的提刀动作，此时可以用重排刀具路径功能来优化刀具路径。

在资源管理器中，用鼠标右键单击"刀具路径"选项下的某个刀具路径，从弹出的快捷菜单中选择【编辑】→【重排】命令，可以打开"重排刀具路径段"对话框，如图 4 – 47 所示。利用该对话框可以以刀位点为编辑对象，更改刀具路径的顺序和方向等。

"重排刀具路径段"对话框中各按钮的含义如下。

✂ （删除已选）：删除当前选中的一段或多段刀具路径。

� （移到始端）：将当前选中的刀具路径移到开始位置。

△ （上移）：将当前选中的刀具路径上移一个位置。

▽ （下移）：将当前选中的刀具路径下移一个位置。

⎵ （移到末端）：将当前选中的刀具路径移到结束位置。

⊠ （反转顺序）：反转切削顺序，若未选择段，则对整条刀具路径反转顺序。

（反转方向）：反转切削方向。

（改变方向）：更改切削方向。

（自动重排）：在保证切削方向的条件下，自动重排刀具路径，以使段与段之间的连接距离最短。

（自动重排并反向）：自动重排刀具路径，以使段与段之间的连接距离最短，同时改变切削方向。

P 重排刀具路径段				? ×
#	开始点	结束点	长度	
6	6.96, -38.32, 13...	6.96, -38.32, 13...	243.50	
7	7.42, -40.57, 13...	7.42, -40.57, 13...	258.69	
8	7.84, -42.76, 13...	7.84, -42.76, 13...	273.10	
9	8.22, -44.80, 12...	8.22, -44.80, 12...	287.15	
10	8.59, -46.83, 12...	8.59, -46.83, 12...	301.69	
11	8.92, -48.75, 12...	8.92, -48.75, 12...	316.07	
12	9.26, -50.65, 12...	9.26, -50.65, 12...	330.03	
13	9.56, -52.47, 12...	9.56, -52.47, 12...	343.48	
14	9.86, -54.26, 11...	9.86, -54.26, 11...	356.57	
15	10.14, -56.01, 1...	10.14, -56.01, 1...	369.19	
16	10.86, -59.37, 1...	10.86, -59.37, 1...	393.39	
17	11.20, -60.98, 1...	11.20, -60.98, 1...	405.11	
18	11.53, -62.59, 1...	11.53, -62.59, 1...	416.59	
19	10.48, -57.71, 1...	10.48, -57.71, 1...	381.40	
20	11.79, -64.19, 1...	11.79, -64.19, 1...	427.90	
21	12.10, -65.75, 1...	12.10, -65.75, 1...	439.15	
22	12.42, -67.31, 1...	12.42, -67.31, 1...	450.35	
23	12.72, -68.82, 1...	12.72, -68.82, 1...	461.50	
24	12.99, -70.31, 9...	12.99, -70.31, 9...	472.47	
25	13.18, -71.27, 9...	13.18, -71.27, 9...	480.81	
26	13.33, -71.93, 9...	13.33, -71.93, 9...	487.07	
27	13.43, -72.47, 9...	13.43, -72.47, 9...	492.14	
28	13.52, -72.93, 0...	13.52, -72.93, 0...	496.41	

图 4-47 "刀具路径列表"对话框

> **提示**
>
> 重排刀具路径一般是针对精加工刀具路径而言的，粗加工刀具路径最好不要使用重排刀具路径功能。

4. 移动刀具路径开始点

设置合适的刀具路径开始点，对于保证加工安全是相当重要的。移动刀具路径开始点功能允许用户对封闭刀具路径中每一条加工轨迹线的开始点进行手动更改。

在资源管理器中，用鼠标右键单击"刀具路径"选项下的某个刀具路径，从弹出的快捷菜单中选择【编辑】→【移动开始点...】命令，可以打开"移动开始点"功能区，如图4-48所示。利用该功能区可以通过绘制一直线移动开始点，也可以通过选取刀具路径段移动开始点。

图 4-48 "移动开始点"功能区

提示

　　移动刀具路径开始点的操作对象是封闭刀具路径中每一条刀具轨迹线的起始点。系统更改开始点的算法是，由用户设置两个点以产生一条直线，然后用这条直线与现有刀具路径的每一条轨迹线求交点，该交点即新的开始点。

练一练

　　对本项目中的矩形槽型腔精加工刀具路径进行剪裁、分割、重排和移动开始点操作。

项目五　典型零件编程加工

 **项目导入**

在 PowerMill 系统中，一般使用三维区域清除策略来计算粗加工刀具路径，其中模型区域清除策略能够产生平行、偏置模型和偏置全部 3 种形式的刀具路径。精加工策略是一种在完成区域清除加工之后将零件加工到设计形状的一类加工策略，需要使用适当的值来控制刀具路径的切削精度和残留在工件上的材料余量，用于此目的的两个参数分别是公差和余量。

本项目以一个玩具小车覆盖件凹模零件为加工实例，重点介绍 PowerMill 常用的粗加工和精加工策略、边界和参考线的使用及编辑等功能，使初学者能够在短期内学到 PowerMill 数控编程的重点知识和技能。

本项目是基础，需要多做练习，在学习过程中可以夸张地设置一些参数，以观察刀具路径的变化，加深对所学知识的理解。

 项目目标

★**知识目标**

(1) 掌握偏置区域清除刀具路径的应用；

(2) 掌握残留模型的计算；

(3) 掌握偏置平坦面精加工刀具路径的应用；

(4) 掌握等高精加工刀具路径的应用；

(5) 掌握平行精加工刀具路径的应用；

(6) 掌握清角精加工刀具路径的应用；

(7) 掌握边界的定义方法。

★**技能目标**

(1) 具备制定加工工艺的能力；

(2) 了解影响粗加工和精加工效率的因素。

★**素质目标**

(1) 培养学生知行合一的实践精神；

(2) 培养学生勇于探索的守正创新精神；

(3) 培养学生善于解决问题的锐意进取精神；

（4）培养学生不怕苦、不怕累的劳动精神。

项目任务

图 5 - 1 所示是一个玩具小车覆盖件的注塑成型凹模零件。该零件的结构具有以下特点。

（1）零件总体尺寸为 796 mm × 546 mm × 225 mm。从整体上看，该零件是一个矩形，毛坯采用方坯，六面已经加工平整。

（2）该零件具有以下结构特征：平面分型面、4 个滑块安装槽（侧垂面）、玩具小车的成型表面以及一些倒圆角曲面等。

（3）粗加工时可将零件作为一个整体来处理，而精加工时应根据不同的结构特征分别计算刀具路径。总之，该零件的加工工艺难度适中，要注意成型曲面部分清角到位。另外，凹模型面最深尺寸约为 138 mm，选用刀具时，要注意刀具应有足够长的刀柄。

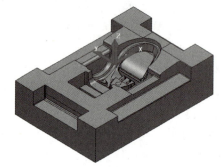

图 5 - 1　玩具小车覆盖件凹模零件

玩具车凹模
零件 输入模型

玩具车凹模
零件 准备加工

项目分析

玩具小车覆盖件凹模零件是一个较典型的注塑成型模具零件，可以使用三轴联动数控铣床或加工中心来加工。根据对零件结构特征的分析，可以采用表 5 - 1 所示的零件数控加工工艺方案。

表 5 - 1　零件数控加工工艺方案

工步	工步名称	加工区域	加工策略	刀具类型	刀具名称	公差/mm	加工余量/mm
1	粗加工	零件整体	偏置模型区域清除	刀尖圆角端铣刀	D50R3	0.3	0.5
2	二次粗加工	型腔区域	残留模型＋模型残留区域清除	刀尖圆角端铣刀	D25R2	0.2	0.5
3	精加工	平面部分	偏置平坦面精加工	刀尖圆角端铣刀	D25R2	0.1	0
4	精加工	型腔顶面	平行精加工	刀尖圆角端铣刀	D12R1	0.1	0
5	精加工	型腔侧面	等高精加工	球头刀	BN12	0.1	0

工步	工步名称	加工区域	加工策略	刀具类型	刀具名称	公差/mm	加工余量/mm
6	精加工	型腔底面	平行精加工	球头刀	BN12	0.1	0
7	清角	型腔正面	清角精加工	球头刀	BN6	0.1	0
8	清角	型腔正面	清角精加工	球头刀	BN3	0.1	0

项目实施

步骤1 新建加工项目

启动 PowerMill 软件，选择【文件】→【输入】菜单命令，单击 按钮，打开"输入模型"对话框，输入本书配套素材中的"Ch05\Sample\wanjuche.dgk"文件，效果如图 5-1 所示。

步骤2 准备加工

1. 创建方形毛坯

单击功能区"开始"选项卡"刀具路径设置"面板中的"毛坯"按钮 ，打开"毛坯"对话框，保持系统默认设置，先单击 计算 按钮，如图 5-2 所示，然后单击 接受 按钮，创建出图 5-3 所示的方形毛坯。

图 5-2 设置毛坯参数

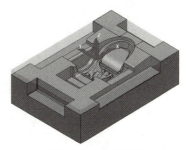

图 5-3 方形毛坯

2. 创建加工刀具

（1）用鼠标右键单击资源管理器中的"刀具"选项，从弹出的快捷菜单中选择【产生刀具】→【刀尖圆角端铣刀】命令，打开"刀尖圆角端铣刀"对话框，依次按照图5-4~图5-6所示设置刀具的刀尖、刀柄和夹持参数，完成设置后，单击 关闭 按钮，创建出刀尖圆角端铣刀"D50R3"。

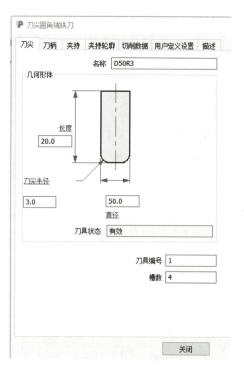

图5-4　设置刀尖参数

图5-5　设置刀柄参数

图5-6　设置夹持参数

（2）按照上述方法，根据表5-2中的参数创建各工步需要使用的其余5把刀具。

表5-2　玩具小车覆盖件凹模零件加工刀具参数　　　　mm

刀具编号	刀具名称	刀具类型	刀具直径	圆角半径	刀柄直径	刀柄长度	切削刃长度	夹持直径	夹持长度	刀具伸出夹持长度
2	D25R2	刀尖圆角端铣刀	25	2	25	160	20	100	50	140
3	D12R1	刀尖圆角端铣刀	12	1	12	140	20	100	50	140
4	BN12	球头刀	12	6	12	140	25	100	50	140
5	BN6	球头刀	6	3	6	140	20	100	50	140
6	BN3	球头刀	3	1.5	3	140	20	100	50	140

所有刀具创建完毕后，在资源管理器内的"刀具"选项中可以看到6把刀具，如图5-7所示。

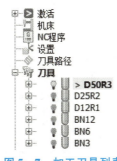

图5-7　加工刀具列表

> **提示**
>
> 　如果为刀具创建了刀柄和夹持，在仿真前需要进行碰撞检查（即检查刀柄和夹持是否和模型发生碰撞）。当然，这里也可以不创建刀柄和夹持，只给出切削刃的直径和圆角半径，系统默认自动将切削刃长度定义为刀具直径的5倍。

3. 设置快进高度

　单击功能区"开始"选项卡"刀具路径设置"面板中的"刀具路径连接"按钮 刀具路径连接，打开"刀具路径连接"对话框，选择"安全区域"选项卡，设置快进间隙为"5.0"，下切间隙为"3.0"，单击 计算 按钮，如图5-8所示，最后单击 接受 按钮，完成快进高度设置。

> **提示**
>
> 　本项目跳过了定义加工开始点和结束点这个步骤，意思是直接调用系统默认设置的参数值，即开始点使用"毛坯中心安全高度"选项，结束点使用"最后一点安全高度"选项。

图5-8　设置快进高度

步骤3　计算粗加工刀具路径

1. 计算刀具路径

（1）单击功能区"开始"选项卡"创建刀具路径"面板中的"刀具路径"按钮，打开"策略选择器"对话框，切换至"3D区域清除"选项卡，单击选中"模型区域清除"策略后，单击 确定 按钮，打开"模型区域清除"对话框，按照图5-9所示设置模型区域清除参数。

（2）在"模型区域清除"对话框左侧的列表框中单击"刀具"选项，确保右侧区域选用的刀具是"D50R3"，如图5-10所示。

（3）在"模型区域清除"对话框左侧的列表框中单击"高速"选项，然后在右侧区域按照图5-11所示设置高速加工参数。

（4）在"模型区域清除"对话框左侧的列表框中单击"进给和转速"选项，然后在右侧区域按照图5-12所示设置粗加工进给和转速参数。

（5）设置完以上参数后，单击 计算 按钮，系统会计算出图5-13所示的粗加工刀具路径。最后关闭"模型区域清除"对话框即可。

玩具车凹模零件 计算粗加工刀具路径

2. 查看单层刀具路径

为了更加清楚地观察粗加工走刀方式，可以通过以下方法查看单层刀具路径。

图 5-9　设置模型区域清除参数

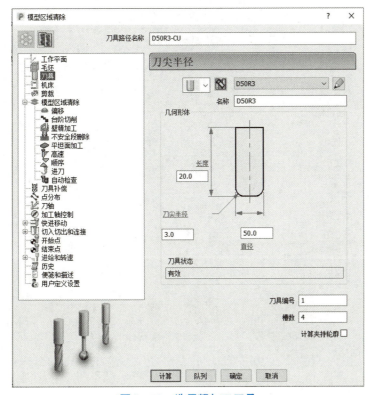

图 5-10　选用粗加工刀具

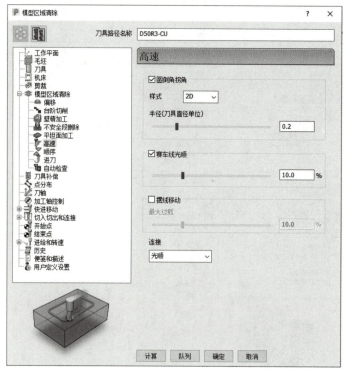

图 5 – 11　设置高速加工参数

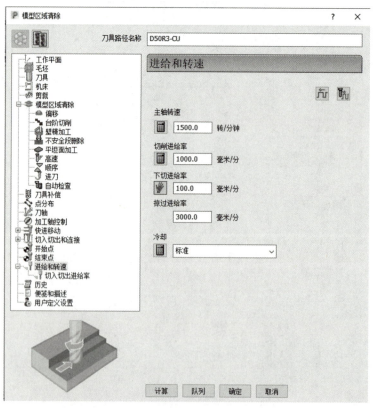

图 5 – 12　设置粗加工进给和转速参数

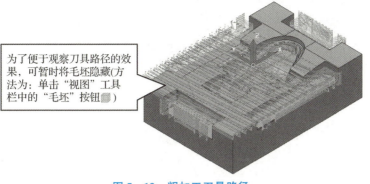

为了便于观察刀具路径的效果，可暂时将毛坯隐藏(方法为：单击"视图"工具栏中的"毛坯"按钮■)

图 5 – 13　粗加工刀具路径

用鼠标右键单击资源管理器中的刀具路径"D50R3 – CU"，从弹出的快捷菜单中选择【查看拾取的 Z 高度】，打开"Z 高度"对话框，单击其中的任意一层，如 Z 高度为"– 29. 350"，在图形显示区会显示模型 $Z = – 29. 350$ 高度处的单层粗加工刀具路径，如图 5 – 14 所示。

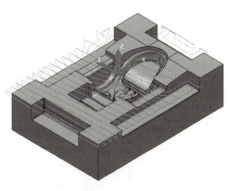

图 5 – 14　查看单层粗加工刀具路径

步骤 4　计算残留模型

计算残留模型

使用"D50R3"刀具进行粗加工后，在零件的部分角落处还存在大量余量，可以使用残留模型来计算粗加工余量。

（1）在资源管理器中，利用刀具路径"D50R3 – CU"右键快捷菜单中的【绘制】命令，将"D50R3 – CU"在图形显示区中隐藏（但此时"D50R3 – CU"仍要处于激活状态）。

（2）用鼠标右标单击资源管理器中的"残留模型"选项，从弹出的快捷菜单中选择【创建残留模型】命令，打开"残留模型"对话框，如图 5 – 15 所示，保持系统默认设置，单击 接受 按钮，系统即生成一个名称为"1"、内容为空白的残留模型。

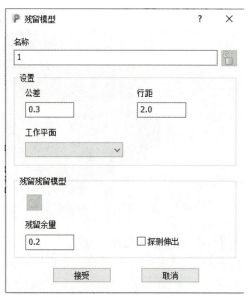

图 5 – 15　创建残留模型

（3）双击资源管理器中的"残留模型"选项，将其展开。用鼠标右键单击残留模型"1"，从弹出的快捷菜单中选择【应用】→【激活刀具路径在先】命令，如图 5 – 16 所示。再次用鼠标右键单击残留模型"1"，从弹出的快捷菜单中选择【计算】命令，系统即计算出残留模型，如图 5 – 17 所示。

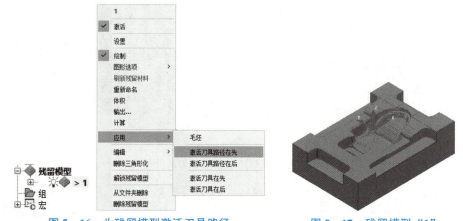

图 5 –16　为残留模型激活刀具路径　　　　图 5 –17　残留模型"1"

观察图 5 –17 所示的残留模型"1"可知，在零件的沟槽以及角落处还存在较多余量，该模型即二次粗加工（半精加工）的加工对象。

（4）在资源管理器中，用鼠标右键单击残留模型"1"，从弹出的快捷菜单中选择【绘制】命令，关闭残留模型"1"的显示状态。

步骤5　计算半精加工刀具路径

（1）单击功能区"开始"选项卡"创建刀具路径"面板中的"刀具路径"按钮，打开"策略选择器"对话框，切换至"3D 区域清除"选项卡，单击选中"模型残

计算半精
加工刀具路径

留区域清除"策略后，单击<u>确定</u>按钮，打开"模型残留区域清除"对话框，按照图5-18所示设置模型残留区域清除参数。

图 5-18　设置模型残留区域清除参数

（2）在"模型残留区域清除"对话框左侧的列表框中单击"刀具"选项，然后在右侧区域将刀具设置为"D25R2"，如图5-19所示。

（3）在"模型残留区域清除"对话框左侧的列表框中单击"残留"选项，然后在右侧区域按照图5-20所示设置残留参数。

（4）在"模型残留区域清除"对话框左侧的列表框中单击"高速"选项，然后在右侧区域按照图5-21所示设置高速加工参数。

（5）在"模型残留区域清除"对话框左侧的列表框中单击"进给和转速"选项，然后在右侧区域按照图5-22所示设置半精加工进给和转速参数。

（6）设置完以上参数后，单击<u>计算</u>按钮，系统会计算出图5-23所示的半精加工刀具路径。最后关闭"模型残留区域清除"对话框即可。

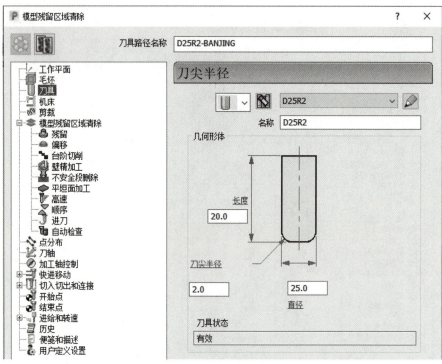

图 5-19　选用半精加工刀具

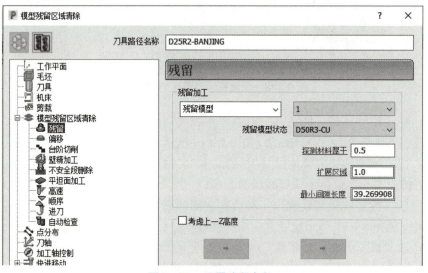

图 5-20　设置残留参数

学习笔记

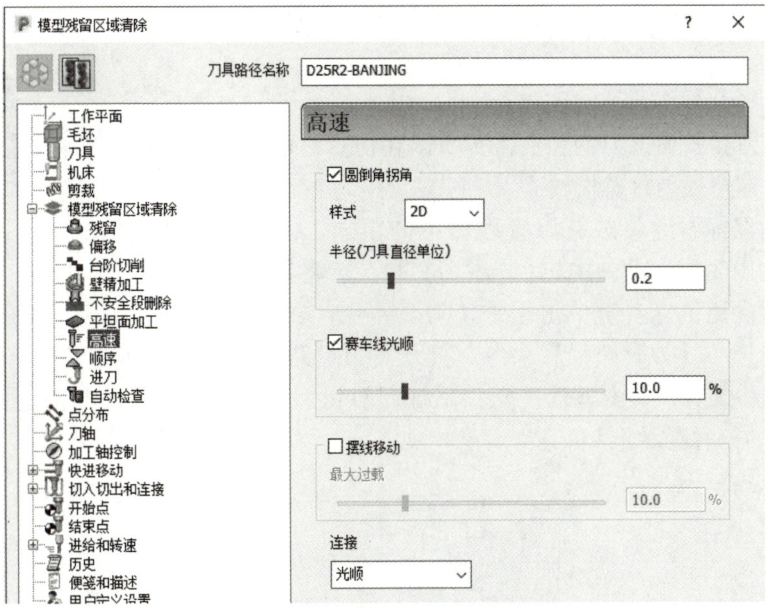

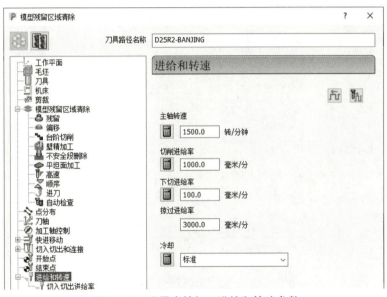

图 5－21　设置高速加工参数

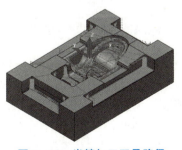

图 5－22　设置半精加工进给和转速参数

图 5－23　半精加工刀具路径

步骤6　刀具路径碰撞检查以及粗加工和半精加工仿真

1. 刀具路径碰撞检查

由于为刀具添加了刀柄和夹持，所以在仿真之前，需要对粗加工和半精加工刀具路径进行碰撞检查。

（1）用鼠标右键单击资源管理器中的粗加工刀具路径"D50R3 – CU"，从弹出的快捷菜单中选择【激活】命令，将其激活。

（2）再次用鼠标右键单击粗加工刀具路径"D50R3 – CU"，从弹出的快捷菜单中选择【检查】→【刀具路径】命令，打开"刀具路径检查"对话框，按照图5 – 24所示设置检查参数后，单击 应用 按钮，系统即对粗加工刀具路径进行检查，随后弹出图5 – 25所示的信息提示框。

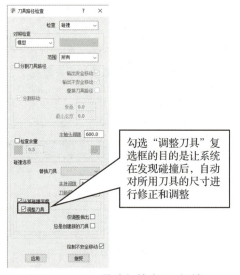

勾选"调整刀具"复选框的目的是让系统在发现碰撞后，自动对所用刀具的尺寸进行修正和调整

图5 – 24　"刀具路径检查"对话框

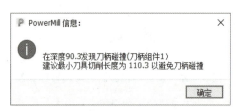

图5 – 25　发现碰撞

（3）单击信息提示框中的 确定 按钮，系统会根据碰撞检查的结果，在资源管理器内的"刀具"选项中自动对刀具"D50R3"进行复制，得到新刀具"D50R3_1"，新刀具的尺寸已得到调整（切削刃长度被加长到110.3 mm）。

（4）重新对刀具路径"D50R3 – CU"执行碰撞检查，会弹出图5 – 26所示的提示框，表明已通过碰撞检查。单击 确定 按钮并关闭"刀具路径检查"对话框即可。

图 5 – 26　通过碰撞检查

（5）按照同样的方法，对半精加工刀具路径"D25R2 – BANJING"进行碰撞检查。

2. 粗加工和半精加工仿真

（1）单击功能区"仿真"选项卡"ViewMill"面板中的"关"按钮，切换为"开"状态，单击"模式"→"固定方向"按钮，进入仿真状态。

（2）在资源管理器中激活粗加工刀具路径"D50R3 – CU"，然后用鼠标右键单击该刀具路径，从弹出的快捷菜单中选择【自开始仿真】命令，单击"仿真控制"面板中的"运行"按钮，系统即进行粗加工仿真切削，效果如图 5 – 27 所示。

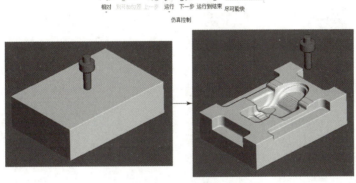

图 5 – 27　粗加工仿真切削效果

（3）完成粗加工仿真后，激活资源管理器中的半精加工刀具路径"D25R2 – BAN-JING"，用鼠标右键单击该刀具路径，从弹出的快捷菜单中选择【自开始仿真】命令，单击"仿真控制"面板中的"运行"按钮，系统即进行半精加工仿真切削，效果如图5 –28 所示。

（4）在"ViewMill"面板中单击"退出 ViewMill"按钮，弹出"PowerMill 查询"对话框，如图 5 –29 所示，单击按钮，退出仿真状态，返回 PowerMill 编程状态。

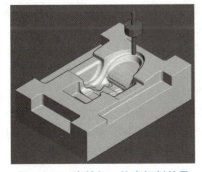

图 5 –28　半精加工仿真切削效果

图 5 –29　"PowerMill"查询对话框

步骤7　平坦面精加工

（1）单击功能区"开始"选项卡"创建刀具路径"功能区中的"刀具路径"按钮，打开"策略选择器"对话框，切换至"精加工"选项卡，单击选中"偏移平坦面精加工"策略后，单击 确定 按钮，打开"偏移平坦面精加工"对话框，按照图 5-30 所示设置偏移平坦面精加工参数。

平坦面精加工

图 5-30　设置偏移平坦面精加工参数

（2）在"偏移平坦面精加工"对话框左侧的列表框中单击"刀具"选项，然后在右侧区域将刀具设置为"D25R2"，如图 5-31 所示。

（3）在"偏移平坦面精加工"对话框左侧的列表框中单击"高速"选项，然后在右侧区域按照图 5-32 所示设置高速加工参数。

（4）在"偏移平坦面精加工"对话框左侧的列表框中单击"进给和转速"选项，然后在右侧区域按照图 5-33 所示设置平坦面精加工进给和转速参数。

（5）设置完以上参数后，单击 计算 按钮，系统会计算出图 5-34 所示的平坦面精加工刀具路径。最后关闭"偏移平坦面精加工"对话框即可。

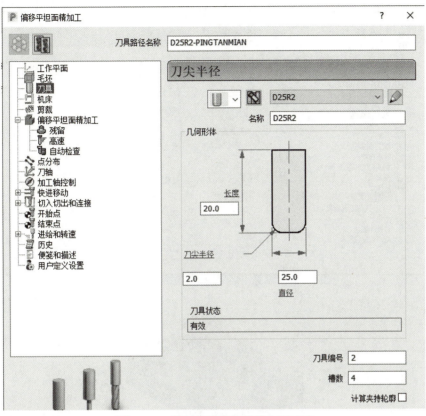

图 5-31 选用偏移平坦面精加工刀具

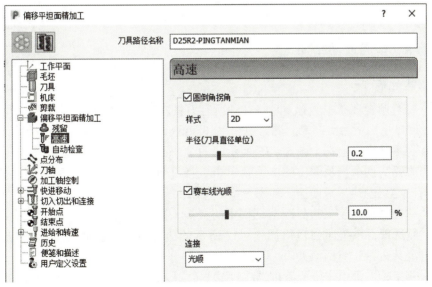

图 5-32 设置高速加工参数

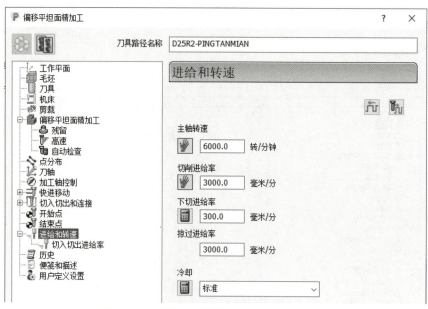

图 5-33　设置平坦面精加工进给和转速参数

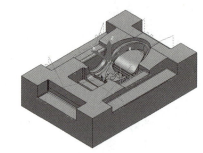

图 5-34　平坦面精加工刀具路径

型腔顶面精加工

步骤8　型腔顶面精加工

1. 创建边界

（1）将资源管理器中所有刀具路径和所有刀具左侧的小灯泡图标熄灭（即💡），使它们在图形显示区中隐藏起来，同时也将毛坯隐藏，以便随后选取零件上的曲面。

（2）在零件模型上选中图 5-35 所示的两个曲面，然后在资源管理器中用鼠标右键单击"边界"选项，从弹出的快捷菜单中选择【创建边界】→【用户定义】命令，打开"用户定义边界"对话框，如图 5-36 所示。

（3）单击"用户定义边界"对话框中的"插入模型"按钮📷，取消勾选"允许边界专用"复选框，系统即创建出图 5-37 所示的边界"1"，然后单击 接受 按钮，将"用户定义边界"对话框关闭。

（4）用鼠标右键单击资源管理器中"边界"选项中的边界"1"，从弹出的快捷菜单中选择【曲线编辑器】命令，打开"曲线编辑器"选项卡，单击"编辑"功能区"变换"→"偏移"按钮📷偏移，打开"偏移"工具栏，如图 5-38 所示。

图 5-35　选取两个曲面

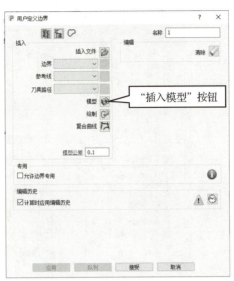

"插入模型"按钮

图 5-36　"用户定义边界"对话框

图 5-37　新创建的边界"1"

图 5-38　"偏移"工具栏

（5）在"偏移"工具栏的"距离"编辑框中输入"5"，按【Enter】键，系统会将边界"1"向外均匀偏置 5 mm，即把边界放大，如图 5-39 所示。

图 5-39　编辑后的边界"1"

（6）单击"曲线编辑器"选项卡中的"接受"按钮✓，完成边界偏移操作。

2. 计算型腔顶面精加工刀具路径

（1）单击功能区"开始"选项卡"创建刀具路径"面板中的"刀具路径"按钮🖉，打开"策略选择器"对话框，切换至"精加工"选项卡，单击选中"平行精加工"策略后，单击 确定 按钮，打开"平行精加工"对话框，按照图 5-40 所示设置平行精加工参数。

（2）在"平行精加工"对话框左侧的列表框中单击"刀具"选项，然后在右侧区域将刀具设置为"D12R1"，如图 5-41 所示。

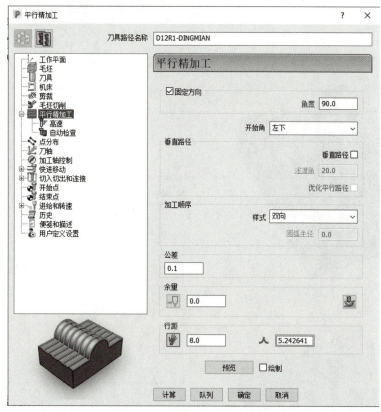

图 5-40 设置平行精加工参数

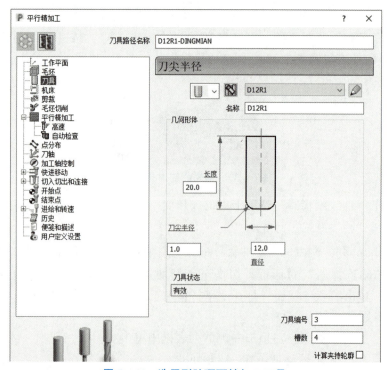

图 5-41 选用型腔顶面精加工刀具

（3）在"平行精加工"对话框左侧的列表框中单击"剪裁"选项，确保右侧区域选用的边界是"1"，如图5-42所示。

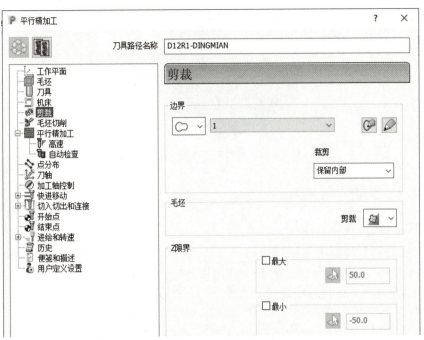

图5-42　选用边界"1"

（4）在"平行精加工"对话框左侧的列表框中单击"进给和转速"选项，然后在右侧区域按照图5-43所示设置型腔顶面精加工进给和转速参数。

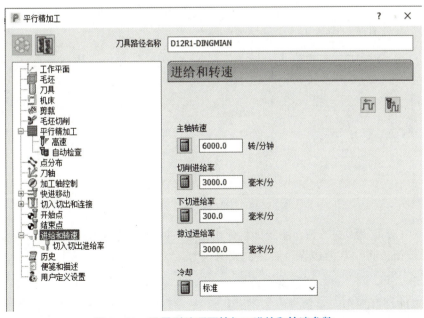

图5-43　设置型腔顶面精加工进给和转速参数

（5）设置完以上参数后，单击 计算 按钮，系统会计算出图 5-44 所示的型腔顶面精加工刀具路径。最后关闭"平行精加工"对话框即可。

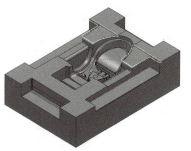

图 5-44　型腔顶面精加工刀具路径

步骤9　陡峭面精加工

1. 创建浅滩边界

（1）在资源管理器中用鼠标右键单击"边界"选项，从弹出的快捷菜单中选择【创建边界】→【浅滩】命令，打开"浅滩边界"对话框，取消勾选"允许边界专用"复选框，按照图 5-45 所示设置浅滩参数。

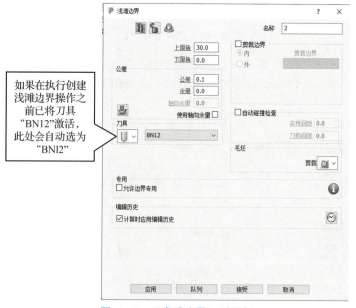

如果在执行创建浅滩边界操作之前已将刀具"BN12"激活，此处会自动选为"BN12"

图 5-45　"浅滩边界"对话框

（2）单击 应用 按钮，系统即创建出图 5-46 所示的浅滩边界"2"，然后单击 接受 按钮，将"浅滩边界"对话框关闭。

> **提示**
>
> 　如果希望将图形显示区中的零件模型隐藏，可同时取消"视图"工具栏中"普通阴影"按钮和"线框"按钮的选中状态。

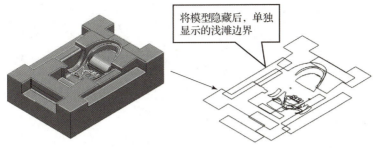

将模型隐藏后，单独显示的浅滩边界

图 5 – 46　浅滩边界 "2"

2. 计算陡峭面精加工刀具路径

（1）单击功能区 "开始" 选项卡 "创建刀具路径" 面板中的 "刀具路径" 按钮，打开 "策略选择器" 对话框，切换至 "精加工" 选项卡，单击选中 "等高精加工" 策略后，单击 确定 按钮，打开 "等高精加工" 对话框，按照图 5 – 47 所示设置等高精加工参数。

图 5 – 47　设置等高精加工参数

（2）在 "等高精加工" 对话框左侧的列表框中单击 "刀具" 选项，然后在右侧区域将刀具设置为 "BN12"，如图 5 – 48 所示。

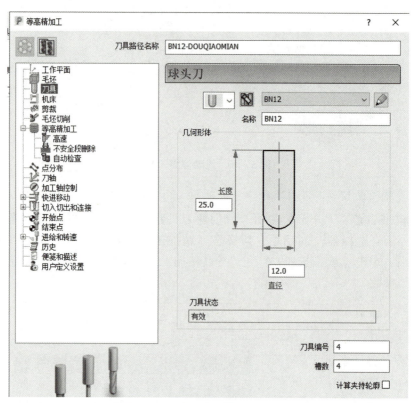

图5-48　选用陡峭面精加工刀具

（3）在"等高精加工"对话框左侧的列表框中单击"剪裁"选项，然后在右侧区域设置剪裁参数，确保选用边界"2"，如图5-49所示。

图5-49　选用边界"2"

（4）在"等高精加工"对话框左侧的列表框中单击"进给和转速"选项，然后在右侧区域按照图5-50所示设置陡峭面精加工进给和转速参数。

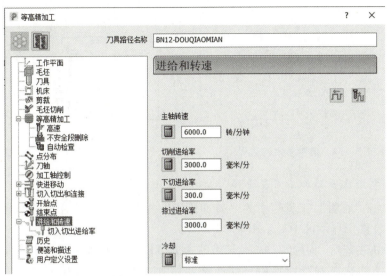

图5-50　设置陡峭面精加工进给和转速参数

（5）设置完以上参数后，单击 计算 按钮，系统会计算出图5-51所示的陡峭面精加工刀具路径。最后关闭"等高精加工"对话框即可。

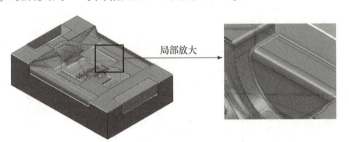

局部放大

图5-51　陡峭面精加工刀具路径

步骤10　型腔底面精加工

1. 创建边界

（1）在资源管理器中，将陡峭面精加工刀具路径"BN12 - DOUQIAOMIAN"左侧的小灯泡图标熄灭（即 ），使其在图形显示区中隐藏起来。

（2）用鼠标右键单击资源管理器内"边界"选项中的边界"2"，从弹出的快捷菜单中选择【编辑】→【复制边界】命令，系统即复制出一条名称为"2_1"的边界。用鼠标右键单击新复制出的边界"2_1"，从弹出的快捷菜单中选择【激活】命令，将其激活。

（3）单击"视图"工具栏中的"从上查看"按钮 ，将零件模型调整至与屏幕平行，然后取消"普通阴影"按钮 和"线框"按钮 的选中状态，将模型隐藏起来。

（4）在图形显示区中同时选中图5-52所示边界（共9个），然后按键盘上的

型腔底面精加工

【Delete】键，将它们删除，修剪后的边界"2_1"如图 5-53 所示。

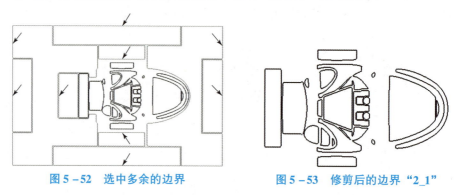

图 5-52　选中多余的边界　　　　　图 5-53　修剪后的边界"2_1"

2. 计算型腔底面精加工刀具路径

（1）单击"查看"工具栏中的"普通阴影"按钮 📦（使其处于选中状态），将零件模型重新在图形显示区中显示出来。

（2）单击功能区"开始"选项卡"创建刀具路径"面板中的"刀具路径"按钮 🖋，打开"策略选择器"对话框，切换至"精加工"选项卡，单击选中"平行精加工"策略后，单击 确定 按钮，打开"平行精加工"对话框，按照图 5-54 所示设置平行精加工参数。

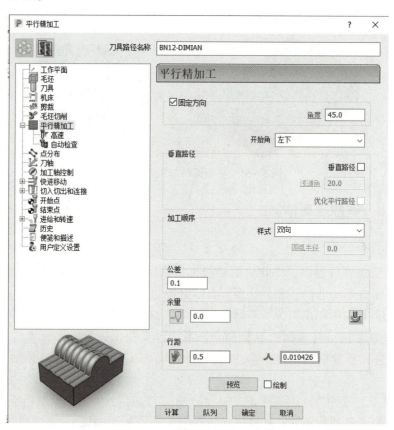

图 5-54　设置平行精加工参数

（3）在"平行精加工"对话框左侧的列表框中单击"刀具"选项，确保右侧区域显示的刀具是"BN12"，如图 5 – 55 所示。

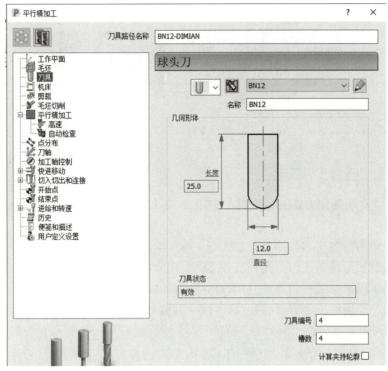

图 5 – 55　选用型腔底面精加工刀具

（4）在"平行精加工"对话框左侧的列表框中单击"剪裁"选项，然后在右侧区域设置剪裁参数，确保选用边界"2_1"，如图 5 – 56 所示。

图 5 – 56　选用边界"2_1"

（5）设置完以上参数后，单击 计算 按钮，系统会计算出图 5－57 所示的型腔底面精加工刀具路径。最后关闭"平行精加工"对话框即可。

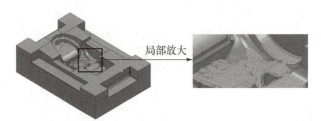

局部放大

图 5－57　型腔底面精加工刀具路径

步骤 11　精加工仿真

精加工仿真

参照步骤 6 的操作方法，依次对下列精加工刀具路径进行碰撞检查和仿真切削：

（1）平坦面精加工刀具路径（D25R2 - PINGTANMIAN）；

（2）型腔顶面精加工刀具路径（D12R1 - DINGMIAN）；

（3）陡峭面精加工刀具路径（BN12 - DOUQIAOMIAN）：

（4）型腔底面精加工刀具路径（BN12 - DIMIAN）。

执行完碰撞检查后的刀具路径列表和刀具列表如图 5－58 所示。各个精加工仿真切削效果分别如图 5－59 ~ 图 5－62 所示。

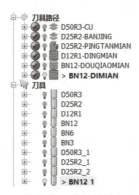

图 5－58　碰撞检查后的刀具路径和刀具列表

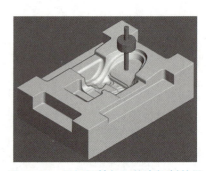

图 5－59　平坦面精加工仿真切削效果

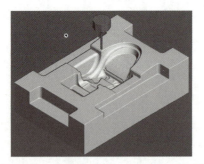

图 5－60　型腔顶面精加工仿真切削效果

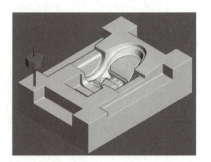

图 5－61　陡峭面精加工仿真切削效果

步骤 12　BN6 球头刀清角

完成上述加工步骤后，零件模型上某些圆角的角落处还存在一些加工余量，需要使用小刀具进行清角。

为了探测需要使用多小直径的刀具才能清角到位，应先进行以下测量操作。

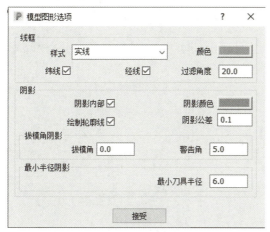

图 5–62　型腔底面精加工仿真切削效果

1. 检测最小圆角半径

（1）单击功能区"视图"选项卡"外观"面板右下角箭头标识，打开"模型图形选项"对话框，如图 5–63 所示。由于精加工使用的刀具直径是 12 mm，这时在"最小刀具半径"编辑框中输入"6"，可以检测出零件上圆角半径小于 6 mm 的圆角部位。单击 接受 按钮，关闭"模型图形选项"对话框。

检测最小
圆角半径

图 5–63　"模型图形选项"对话框

（2）将光标置于右侧"视图"工具栏中的"普通阴影"按钮上方，会出现"模型阴影"工具栏。单击"模型阴影"工具栏中的"最小半径阴影"按钮，系统会用红色显示模型上半径小于 6 mm 的圆角，如图 5–64 所示。

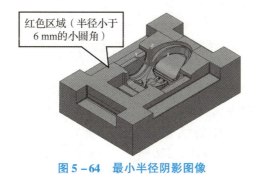

红色区域（半径小于
6 mm的小圆角）

图 5–64　最小半径阴影图像

（3）参照上述操作，依次递减地设置最小刀具半径为 5 mm、3 mm、1.5 mm、1 mm，使用最小半径阴影分析工具即可探测出零件上的最小圆角半径。

2. 计算 BN6 球头刀清角刀具路径

（1）单击"视图"工具栏中的"普通阴影"按钮，使其处于选中状态（即 ），重新在图形显示区中显示零件模型的普通阴影图像。

（2）单击功能区"开始"选项卡"创建刀具路径"面板中的"刀具路径"按钮 ，打开"策略选择器"对话框，切换至"精加工"选项卡，单击选中"清角精加工"策略后，单击 确定 按钮，打开"清角精加工"对话框，按照图 5-65 所示设置清角精加工参数。

图 5-65 设置清角精加工参数

（3）在"清角精加工"对话框左侧的列表框中单击"刀具"选项，然后在右侧区域将刀具设置为"BN6"，如图 5-66 所示。

（4）在"清角精加工"对话框左侧的列表框中单击"清角精加工"→"拐角探测"选项，然后在右侧区域按照图 5-67 所示设置拐角探测参数。

BN6 球头刀清角

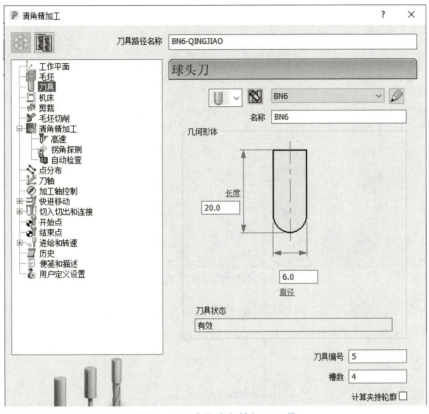

图 5-66　选用清角精加工刀具

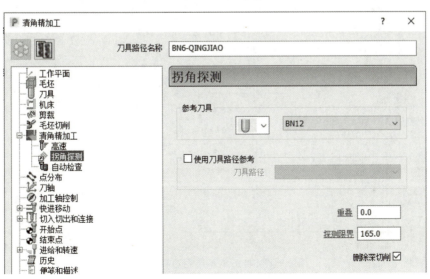

图 5-67　设置拐角探测参数

（5）在"清角精加工"对话框左侧的列表框中单击"切入切出和连接"→"连接"选项，然后在右侧区域按照图5-68所示设置清角精加工的连接方式。

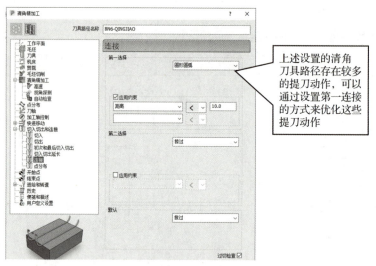

图5-68 设置清角精加工的连接方式

（6）在"清角精加工"对话框左侧的列表框中单击"剪裁"选项，确保右侧区域不选用任何边界，如图5-69所示。

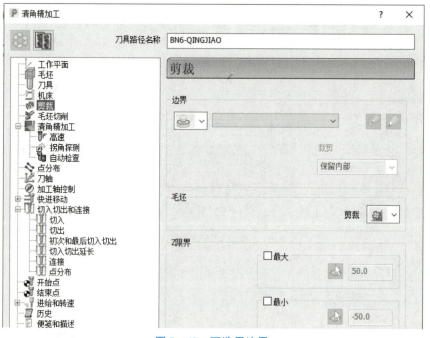

图5-69 不选用边界

（7）设置完以上参数后，单击 计算 按钮，系统会计算出图5-70所示的BN6球头刀清角刀具路径。最后关闭"清角精加工"对话框即可。

图 5 – 70　BN6 球头刀清角刀具路径

步骤 13　BN3 球头刀清角

（1）单击功能区"开始"选项卡"创建刀具路径"面板中的"刀具路径"按钮 ，打开"策略选择器"对话框，切换至"精加工"选项卡，单击选中"清角精加工"策略后，单击 确定 按钮，打开"清角精加工"对话框，按照图 5 –71 所示设置清角精加工参数。

BN3 球头刀清角

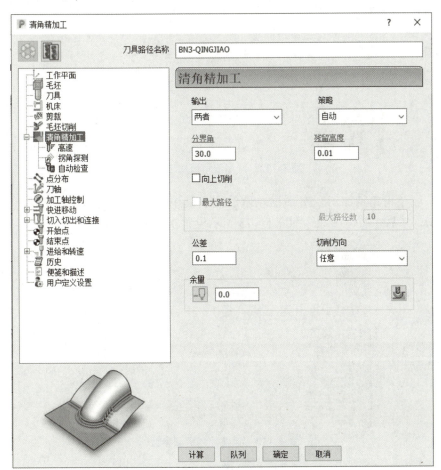

图 5 –71　设置清角精加工参数

（2）在"清角精加工"对话框左侧的列表框中单击"刀具"选项，然后在右侧区域将刀具设置为"BN3"，如图5-72所示。

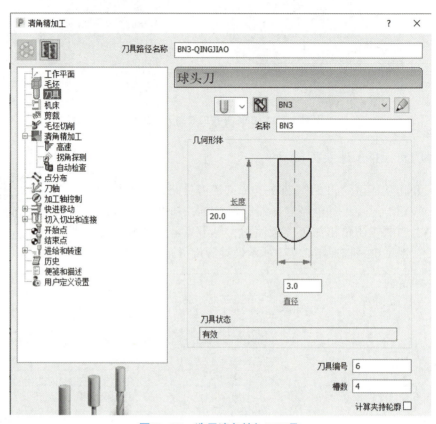

图5-72　选用清角精加工刀具

（3）在"清角精加工"对话框左侧的列表框中单击"清角精加工"→"拐角探测"选项，然后在右侧区域按照图5-73所示设置拐角探测参数。

图5-73　设置拐角探测参数

（4）在"清角精加工"对话框左侧的列表框中单击"切入切出和连接"→"连接"选项，然后在右侧区域按照图5-74所示设置清角精加工连接参数。

图 5 - 74　设置清角精加工连接参数

（5）设置完以上参数后，单击 [计算] 按钮，系统会计算出图 5 - 75 所示的 BN3 球头刀清角刀具路径。最后关闭"清角精加工"对话框即可。

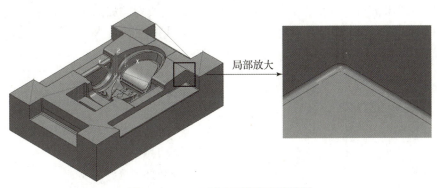

局部放大

图 5 - 75　BN3 球头刀清角刀具路径

步骤 14　清角仿真

参照步骤 6 的操作方法，依次对清角刀具路径"BN6 - QINGJIAO"和"BN3 - QINGJIAO"进行碰撞检查和仿真切削，效果分别如图 5 - 76、图 5 - 77 所示。图 5 - 77 所示也是玩具小车覆盖件凹模零件最终的加工效果。

步骤 15　保存项目文件

单击"快速访问"工具栏中的"保存项目"按钮 🔲，打开"保存项目为"对话框，从"保存在"下拉列表中选取要保存项目的位置，在"文件名"编辑框中输入项目名"chapter04"，然后单击 [保存(S)] 按钮即可保存项目。

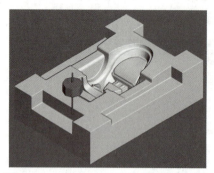

图 5 –76 BN6 球头刀清角仿真切削效果

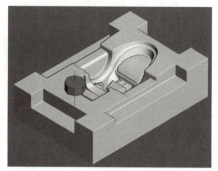

图 5 –77 BN3 球头刀清角仿真切削效果

步骤 16 产生 NC 程序

（1）在资源管理器中，用鼠标右键单击粗加工刀具路径"D50R3 – CU"，从弹出的快捷菜单中选择【创建独立的 NC 程序】命令，如图 5 –78 所示，系统即在"NC 程序"选项中产生"D50R3 – CU"刀具路径的独立 NC 程序。

（2）单击资源管理器中"NC 程序"选项左侧的展开图标按钮⊞，找到并用鼠标右键单击名称为"D50R3 – CU"的 NC 程序，从弹出的快捷菜单中选择【写入】命令，如图 5 –79 所示，系统即开始进行后处理计算，同时弹出信息窗口。等信息窗口提示后处理完成后，如图 5 –80 所示，打开 NC 程序文件输出位置，可以看到新生成的粗加工 NC 程序"D50R3 – CU. tap"。

清角清
加工仿真

产生 NC 程序

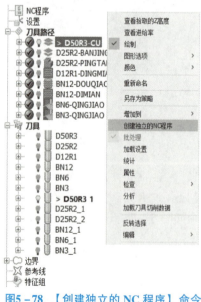

图5 –78 【创建独立的 NC 程序】命令

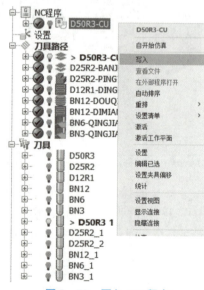

图 5 –79 写入 NC 程序

（3）参照上述步骤，将剩余的 7 个刀具路径，即

①半精加工刀具路径"D25R2 – BANJING"；

②平坦面精加工刀具路径"D25R2 – PINGTANMIAN";

③型腔顶面精加工刀具路径"D12R1 – DINGMIAN";

④陡峭面精加工刀具路径"BN12 – DOUQIAOMIAN";

⑤型腔底面精加工刀具路径"BN12 – DIMIAN";

⑥BN6 球头刀清角刀具路径"BN6 – QINGJIAO";

⑦BN3 球头刀清角刀具路径"BN3 – QINGJIAO"。

输出为独立的 NC 程序,如图 5 – 81 所示。

图 5 – 80　信息窗口

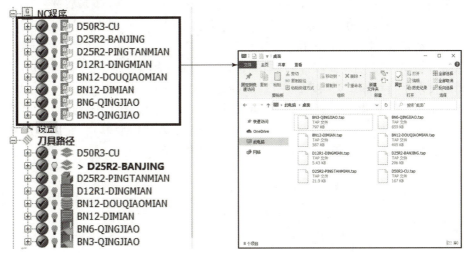

图 5 – 81　生成的 NC 程序

（4）单击"快速访问"工具栏中的"保存项目"按钮，对已保存的项目文件进行更新。

步骤 17　NC 程序传输，数控机床加工

项目评价

（1）由于模具零件的材料都比较硬，如果采用竖直的下切方式很容易损坏刀具，所以模具开粗时多采用"斜向"下刀方式。

（2）为了减少提刀和提高加工效率，应该尽量采用"掠过"刀具路径连接方式。

（3）选择刀具时要保证刀具足够长，以避免刀轴撞到工件。

（4）毛坯设置在编程中起到很大的作用，其大小直接影响加工的深度和范围。另外，毛坯侧面余量值必须大于刀具的半径才能产生刀具路径。

（5）进行平面或等高加工时，切削方向设置为"任意"能保证双向走刀，提高加

工效率。

（6）工件加工摆放方向的原则是 X 轴方向为长尺寸， Y 轴方向为短尺寸。

项目练习

输入本书配套素材中的"Ch05\Practice\冰墩墩.dgk"模型文件，如图5－82所示，认真分析模型，选择合适的刀具和刀具路径策略，编写合理而又高效的加工程序。

图5－82　冰墩墩模型

知识链接

边界由一个或多个闭合的（线框）段组成，其主要功能是将加工策略限制在零件的某个特定区域。

在本项目的实例中，曾使用边界来裁剪加工策略，使某些策略的加工仅出现在零件所需区域，例如使用等高精加工策略来加工陡峭的侧壁、使用平行精加工策略来加工浅滩区域。

PowerMill 系统提供了若干标准的边界产生选项，如图5－83所示。主边界选项的计算涉及其他的一些 PowerMill 元素（如刀具、余量、残留模型等），而用户定义边界则通过单独的子菜单命令产生，通常仅涉及已有线框转换。

图5－83　边界产生选项

1. 用户定义边界

在资源管理器中，用鼠标右键单击"边界"选项，从弹出的快捷菜单中选择【创建边界】→【用户定义】命令（参见图5-83），打开"用户定义边界"对话框，如图5-84所示。该对话框中提供了多个选项，通常需要输入已有的线框元素。

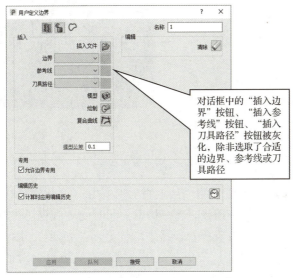

图5-84 "用户定义边界"对话框

> **提示**
>
> 插入模型 ：插入已选模型边缘；
>
> 绘制边界 ：使用曲线编辑器工具绘制边界；
>
> 曲线造型 ：使用曲线编辑器的复合曲线创建模式插入复合曲线。

下面举例介绍通过"插入模型"和"绘制边界"两种方式创建用户定义边界的方法。

（1）启动PowerMill软件，选择【文件】→【输入】菜单命令，单击 按钮，打开"输入模型"对话框，输入本书配套素材中的"Ch05\Sample\cowling.dgk"文件，效果如图5-85所示。

（2）在零件模型上同时选中定义中央型腔和倒圆角的曲面，如图5-86所示。

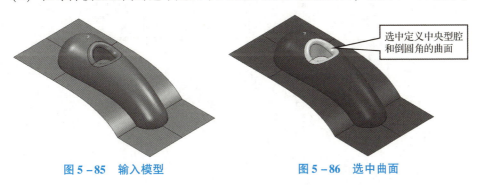

图5-85 输入模型   图5-86 选中曲面

（3）用鼠标右键单击资源管理器中的"边界"选项，从弹出的快捷菜单中选择

【创建边界】→【用户定义】命令，打开"用户定义边界"对话框，单击"插入模型"按钮⬚，系统即在已选曲面边缘产生一边界，如图 5 - 87 所示。然后单击 接受 按钮，将"用户定义边界"对话框关闭。

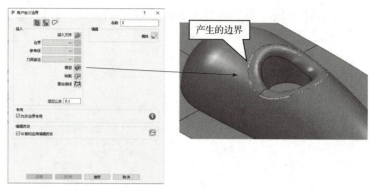

图 5 - 87 产生边界

（4）单击"视图"工具栏中的"从上查看"按钮⬚，将零件模型调整至与屏幕平行，然后取消"普通阴影"按钮⬚的选中状态，同时使"线框"按钮⬚处于选中状态。

（5）再次用鼠标右键单击资源管理器中的"边界"选项，从弹出的快捷菜单中选择【创建边界】→【用户定义】命令，打开"用户定义边界"对话框，单击"绘制边界"按钮⬚，打开"曲线编辑器"工具栏，如图 5 - 88 所示。

图 5 - 88 "曲线编辑器"工具栏

（6）单击"曲线编辑器"工具栏中的"选项"按钮⚙，打开"选项"对话框，在左侧的列表框中单击"智能光标"→"捕捉"选项，然后在右侧区域取消勾选"使用智能光标"复选框，最后单击 接受 按钮，如图 5 - 89 所示。

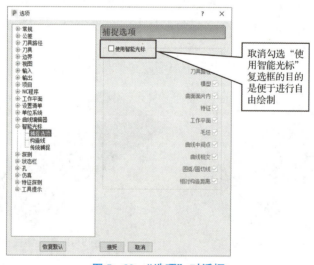

图 5 - 89 "选项"对话框

（7）单击"曲线编辑器"工具栏"曲线"按钮 ⬡→"Bezier"按钮 ⟋ Bezier，然后通过移动光标在不同位置依次单击勾画出一条弧形曲线，如图 5－90 所示。注意此时不要试图通过在开始点处单击来闭合曲线（由于关闭了"使用智能光标"功能，所以无法准确捕捉到开始点，也就无法真正实现曲线闭合）。

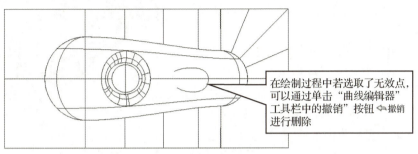

图 5－90　绘制弧形曲线

（8）保持光标当前的绘制状态，参照步骤（6），重新启用"使用智能光标"功能，即在图 5－89 中再次勾选"使用智能光标"复选框。

（9）将光标移至所画弧形曲线的开始点处，系统会自动捕捉到开始点，此时单击，即可将曲线闭合，如图 5－91 所示。

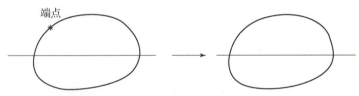

图 5－91　利用智能捕捉功能封闭曲线

（10）单击"曲线编辑器"工具栏中的"接受"按钮 ✓ 结束绘制边界操作。

（11）如果勾画的边界不够光顺，可以在图形显示区中用鼠标右键单击该边界，从弹出的快捷菜单中选择【编辑】→【样条曲线已选】命令，打开"样条曲线拟合公差"对话框，如图 5－92 所示。

（12）在"样条曲线拟合公差"对话框中输入"2"，然后单击 ✓ 按钮。拟合后的边界变为图 5－93 所示，它保存了原始边界的基本形状，与原始边界的最大偏离为 2。

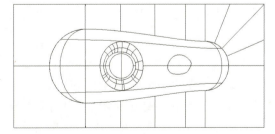

图 5－92　"样条曲线拟合公差"对话框　　　　**图 5－93　拟合后的边界**

2. 已选曲面边界

已选曲面边界定义了一个或多个边界段，这些段是激活刀具和已选曲面失去接触的位置,它代表了激活刀具的刀尖轨迹。下面接着"1. 用户定义边界"中的例子进行操作。

（1）按"方框"定义一毛坯,类型为"模型"。

（2）产生一直径为"16"的球头刀"BN16"。

（3）选中包括圆倒角在内的定义中央型腔的那些曲面,如图 5 – 94 所示。

（4）用鼠标右键单击资源管理器中的"边界"选项,从弹出的快捷菜单中选择【创建边界】→【已选曲面】命令,打开"已选曲面边界"对话框,按照图 5 – 95 所示设置相关参数后,单击 应用 按钮,即产生图 5 – 96 所示的边界。

图 5 – 94 选中曲面

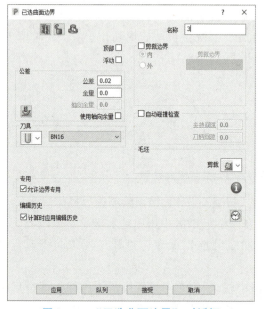

图 5 – 95 "已选曲面边界"对话框

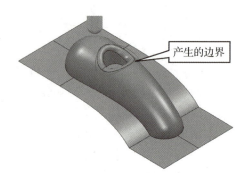

图 5 – 96 产生边界

（5）单击 接受 按钮,将"已选曲面边界"对话框关闭。

3. 浅滩边界

浅滩边界定义了模型上由上限角和下限角所定义的一个模型区域,它用来将模型分成陡峭和浅滩两个区域,从而对这两个区域分别使用等高精加工和参考线精加工策略,提高加工效率。该边界相对于激活刀具的参数进行计算。

下面接着进行操作。用鼠标右键单击资源管理器中的"边界"选项,从弹出的快捷菜单中选择【创建边界】→【浅滩】命令,打开"浅滩边界"对话框,按照图 5 – 97 所示设置相关参数后,单击 应用 按钮,即产生图 5 – 98 所示的边界。最后单击 接受 按钮,将"浅滩边界"对话框关闭。

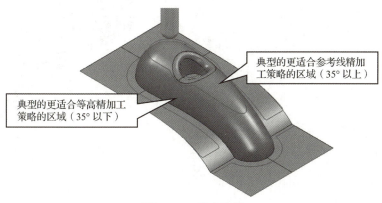

图 5-97 "浅滩边界"对话框

典型的更适合参考线精加工策略的区域（35°以上）

典型的更适合等高精加工策略的区域（35°以下）

图 5-98 产生边界

4. 轮廓边界

轮廓边界是指绕已选模型定义二维轮廓线，并将它调整到刀具沿 Z 轴的接触点。

（1）在零件模型上，选中图 5-99 所示曲面。

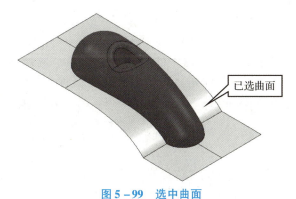

已选曲面

图 5-99 选中曲面

（2）在图形显示区中用鼠标右键单击零件模型，从弹出的快捷菜单中选择【编辑】→【删除已选组件】命令，将所选曲面删除，效果如图5－100所示。

（3）用鼠标右键单击资源管理器中的"边界"选项，从弹出的快捷菜单中选择【创建边界】→【轮廓】命令，打开"轮廓边界"对话框，按照图5－101所示设置相关参数后，单击 应用 按钮，即产生图5－102所示的边界。

图5－100　删除已选曲面后

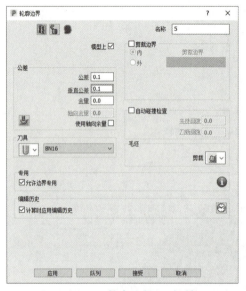

图5－101　"轮廓边界"对话框

图5－102　产生边界

（4）单击 接受 按钮，将"轮廓边界"对话框关闭。

5. 毛坯边界

毛坯边界是指绕毛坯轮廓产生一边界段。

（1）选择【文件】→【关闭】菜单命令。

（2）重新输入模型"Ch05\Sample\cowling. dgk"。

（3）将快进高度重设为安全高度。

（4）使用默认的开始点和结束点设置。

（5）按"方框"定义一毛坯，类型为"模型"。

（6）用鼠标右键单击资源管理器中的"边界"选项，从弹出的快捷菜单中选择【创建边界】→【毛坯】命令，打开"毛坯边界"对话框，如图5－103所示，单击 应用 按钮，系统即绕毛坯的外边缘在Z0处产生一个二维边界，如图5－104所示。

（7）单击 接受 按钮，将"毛坯边界"对话框关闭。

6. 编辑边界

用鼠标右键单击资源管理器中"边界"选项下的某条边界，从弹出的快捷菜单中选择【编辑】命令，则弹出图5－105所示的快捷菜单。

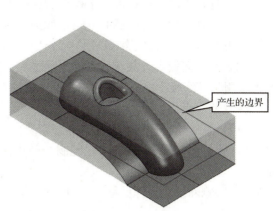

产生的边界

图 5 - 103　"毛坯边界"对话框　　　　　图 5 - 104　产生边界

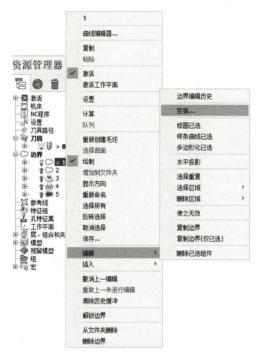

图 5 - 105　编辑边界快捷菜单

（1）变换：对边界进行移动、旋转、镜像（对称复制）、缩放、偏置、多重变换（阵列复制）等操作。

（2）修圆已选：对已选边界线段进行圆弧拟合，即进行光顺处理。

（3）样条曲线已选：将绘制出来的边界线段转换为样条曲线，目的是光顺所选边界线。

（4）多边形化已选：这是样条已选的拟操作，将曲线边界转换成由多条直线段组成的边界。

（5）水平投影：沿激活坐标系的 Z 轴将三维边界线投影成平面边界线。水平投影可以使较为凌乱的边界线清晰化，同时不会影响该边界的范围。

（6）选择重复：选择边界中存在的全部重复段。

（7）选择区域：按区域的方式选取边界，有"大于"和"小于"两个选项。区域的大小用刀具区域比率来衡量。

（8）删除区域：按区域的方式删除边界，有"大于"和"小于"两个选项。区域的大小用刀具区域比率来衡量。

（9）使之无效：使边界无效。

（10）复制边界：复制当前边界，系统自动在相同位置复制出一个新的边界。

（11）复制边界（仅已选）：复制当前边界的已选部分，系统基于这一部分自动复制出一个新的边界。

（12）删除已选组件：将已选边界段删除。

项目六 配合件的编程加工

项目导入

前面几个项目讲解了零件的编程加工方法和常用策略，本项目以一个高级铣工操作题为例介绍配合件的加工，需要综合应用前面所学的知识和方法，灵活使用编程策略，刀具的走刀路线应简洁，空刀越少越好。

本配合件的考核要求如下。

(1) 零件1和零件2的轮廓配合间隙为0.1 mm；

(2) 零件1与零件2的单边配合间隙≤0.05 mm；

(3) 不准用纱布及锉刀等修饰表面（可清理毛刺）；

(4) 未注公差尺寸以IT13为准；

(5) 直边倒角为0.5 mm×45°。

根据零件特征，本项目用到的加工策略有模型区域清除、模型残留区域清除、平行平坦面精加工、平行精加工、等高精加工等加工策略。本项目的工艺安排和加工策略仅供学习时参考，同学们可以尝试其他工艺安排和加工策略，多尝试，多比较，体验不同工艺和加工策略对加工质量的影响。

项目目标

★知识目标

(1) 掌握模型区域清除策略；

(2) 掌握模型残留区域清除策略；

(3) 掌握平行平坦面精加工策略；

(4) 掌握平行精加工策略；

(5) 掌握等高精加工策略；

(6) 掌握边界的设置方法。

★技能目标

(1) 具备选择合理加工策略进行加工的能力；

(2) 具备选择合理刀具进行加工的能力；

(3) 具备制定配合件加工工艺的能力。

★素质目标

（1）培养学生知行合一的实践精神；

（2）培养学生勇于探索的守正创新精神；

（3）培养学生善于解决问题的锐意进取精神；

（4）培养学生不怕苦、不怕累的劳动精神。

项目任务

图6–1为配合件零件图，其三维模型如图6–2所示。

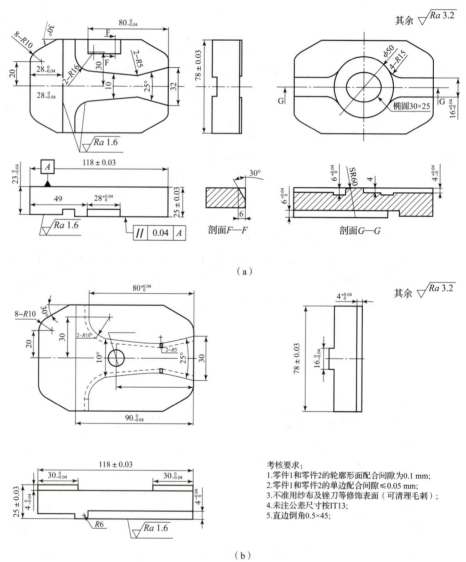

（a）

考核要求：

1. 零件1和零件2的轮廓形面配合间隙为0.1 mm；
2. 零件1和零件2的单边配合间隙≤0.05 mm；
3. 不准用纱布及锉刀等修饰表面（可清理毛刺）；
4. 未注公差尺寸按IT13；
5. 直边倒角0.5×45；

（b）

图6–1　配合件零件图

（a）配合件1零件图；（b）配合件2零件图

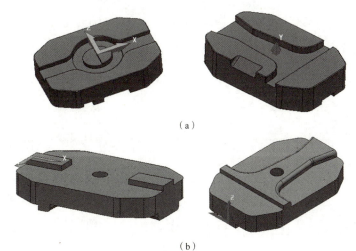

剖面 H—H

考核要求:
1.零件1和零件2的轮廓形面配合间隙为0.1 mm;
2.零件1和零件2的单边配合间隙≤0.05 mm;
3.不准用纱布及锉刀等修饰表面(可清理毛刺);
4.未注公差尺寸按IT13;
5.直边倒角0.5×45;

(c)

剖面 I—I

考核要求:
1.零件1和零件2的轮廓形面配合间隙为0.1 mm;
2.零件1和零件2的单边配合间隙≤0.05 mm;
3.零件1和零件2配合后能够左右滑动;
4.不准用纱布及锉刀等修饰表面(可清理毛刺);
5.未注公差尺寸按IT13;
6.直边倒角0.5×45;

(d)

图 6-1　配合件零件图（续）

(a) 配合件1零件图；(b) 配合件2零件图；(c) 配合方式一；(d) 配合方式二

(a)

(b)

图 6-2　配合件三维模型

(a) 配合件1三维模型；(b) 配合件2三维模型

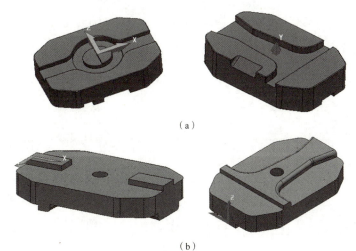

项目分析

　　首先根据配合件 1 和配合件 2 的形状、尺寸、质量要求等确定加工工艺，包括机床、刀具、夹具、加工方法等。两个配合件的加工尺寸都是 118 mm×78 mm×25 mm，重点分析配合件 1 的工艺，对于配合件 2 同学们分组进行分析。

　　配合件的加工精度高，有曲面特征，拟采用 FANUC 数控铣床加工；毛坯材料为尺寸为 120 mm×80 mm×35 mm 的铝，根据配合件的结构采用平口虎钳装夹。配合件高度为 25 mm，上、下面，轮廓都需要加工，因此需要 2 次装夹。第一次装夹完成轮廓和上表面的加工，为防止撞刀，夹持 5 mm 的高度，上面预留 30 mm；第二次装夹完成下表面的加工。该配合件以平面为主，一处曲面、一处斜台面和倒角，工艺制定应在保证质量的情况下尽量提高效率，采用 2 把端铣刀和 1 把球头刀，刀具卡如表 6－1 所示，配合件 1 工步安排、进给与转速设置如表 6－2 和表 6－3 所示。

表 6－1　刀具卡

序号	刀具名称	用途	刀具半径/mm	备注
1	φ12 端铣刀	粗加工	6	硬质合金
2	φ6 端铣刀	粗、精加工	3	硬质合金
3	φ6 球头铣刀	曲面、倒角加工	3	硬质合金
4	φ6 球头铣刀	曲面、倒角加工	3	硬质合金

表 6－2　配合件 1 工步安排

工步	工步名称	加工区域	加工策略	加工刀具	公差/mm	余量/mm
1	粗加工	轮廓、上部区域	模型区域清除	φ12 端铣刀	0.1	0.2
2	二次粗加工	上部区域	模型残留区域清除	φ6 端铣刀	0.1	0.2
3	精加工	平坦区域	平行平坦面精加工	φ6 端铣刀	0.1	0
4	精加工	球面	平行精加工	φ6 球头铣刀	0.01	0
5	精加工	轮廓	等高精加工	φ12 端铣刀	0.01	0
6	反向装夹	—	—	—	—	—
7	粗加工	下部区域	模型区域清除	φ12 端铣刀	0.1	0.2
8	精加工	下部平坦面	平行平坦面精加工	φ6 端铣刀	0.01	0
9	精加工	斜面	平行精加工	φ6 端铣刀	0.01	0

表 6 - 3　进给与转速设置

进给与转速	主轴转速 /(r·min⁻¹)	切削进给率 /(mm·min⁻¹)	下切进给率 /(mm·min⁻¹)	掠过进给率 /(mm·min⁻¹)
粗加工	1 500	1 000	500	3 000
精加工	6 000	1 800	1 000	3 000

项目实施

步骤 1　新建加工项目

启动 PowerMill 软件，选择【输入】→【范例】选项，输入本书配套素材中的 "Ch06\Sample\peihejian1" 文件，效果如图 6 - 3 所示。

步骤 2　准备加工

1. 创建工作平面

通过观察项目模型可知，加工面的 Z 轴方向与世界坐标系的 Z 轴方向相反，因此需要创建新的工作平面。

（1）单击功能区 "开始" 选项卡 "刀具路径设置" 面板中的 "毛坯" 按钮，打开 "毛坯" 对话框，保持系统默认设置，先单击　计算　按钮，然后单击　接受　按钮，创建出图 6 - 4 所示的方形毛坯。

准备加工

图 6 - 3　配合件模型

图 6 - 4　创建毛坯

（2）在 "资源管理器" 列表中用鼠标右键单击 "工作平面"，选择【创建并定向工作平面】→【用毛坯定位工作平面】命令，如图 6 - 5 所示，这时产生一个名称为 "1" 的工作平面。用鼠标右键单击工作平面 "1"，选择【工作平面编辑器】选项，打开 "工作平面编辑器对话框"，单击 "绕 X 轴选择" 按钮，打开 "旋转" 对话框，在 "角

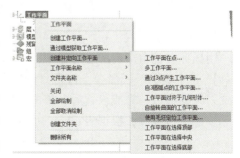

图 6 - 5　产生工作平面

度"框中输入"180",单击"接受"按钮,如图6-6所示,最终产生图6-7所示工作平面。

图6-6 编辑工作平面

图6-7 创建新的工作平面

2. 创建毛坯

再次单击"毛坯"按钮■,打开"毛坯"对话框,保持系统默认设置,先单击 计算 按钮,然后修改毛坯长度为120,宽度为80,高度为35,高度最大为1,最小设-34,最后单击 接受 按钮,创建出图6-8所示的方形毛坯。

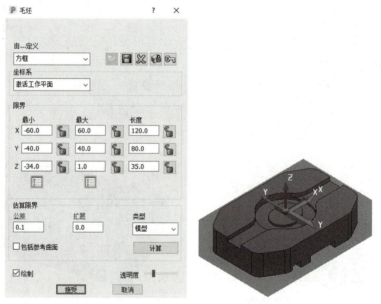

图6-8 创建毛坯

3. 创建加工刀具

用鼠标右键单击资源管理器中的"刀具"选项,从弹出的快捷菜单中选择【产生刀具】→【端铣刀】命令,打开"端铣刀"对话框,如图6-9所示,按表6-4所示设置刀具的参数,完成设置后,单击 关闭 按钮,创建出端铣刀"D12"。

按照上述方法,根据表6-4中的参数创建各工步需要使用的其余2把刀具。

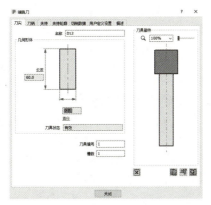

图 6 – 9　设置刀尖参数

表 6 – 4　配合件加工刀具参数

序号	名称	刀具类型	刀具直径/mm	刀具长度/mm
1	D12	端铣刀	12	60
2	D6	端铣刀	6	20
3	R3	球头铣刀	6	20

所有刀具创建完毕，在资源管理器中的"刀具"选项下可以看到 3 把刀具，如图 6 – 10 所示。

图 6 – 10　加工刀具列表

步骤 3　计算上表面一次开粗刀具路径

单击功能区"开始"选项卡"创建刀具路径"面板中的"刀具路径"按钮，打开"策略选择器"对话框，切换至"3D 区域清除"选项卡，单击选中"模型区域清除"策略后，单击 确定 按钮，打开"模型区域清除"对话框，按照图 6 – 11 所示依次设置刀具、剪裁边界、模型区域清除、偏移、快进移动、切入切出和连接、进给和转速等参数。

计算上表面一次开粗刀具路径

在"模型区域清除"对话框左侧的列表框中单击"切入"选项，第一选择为"斜向"，并单击打开斜向选项图标，弹出"斜向切入选项"对话框，按图 6 – 12 所示设置参数。第一选择沿着刀具路径，最大左斜角为 3.0，斜向高度类型为"相对"，高度值为 2.0，第二选择为"无"。切出第一、第二选择为"无"。连接第一、第二选择都为"相对"，至此切入切出和连接参数设置完毕。

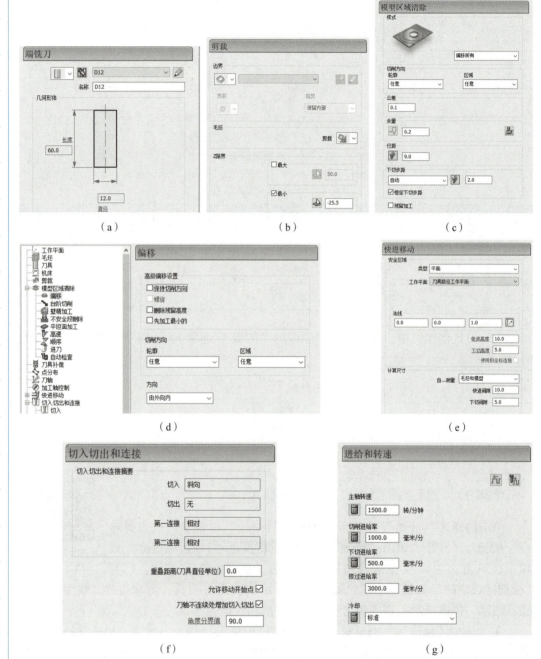

图 6-11 模型区域清除策略各项参数设置

（a）刀具参数设置；（b）剪裁边界参数设置；（c）模型区域清除参数设置；（d）偏移参数设置；
（e）快进移动参数；（f）切入切出和连接参数设置；（g）进给和转速参数设置

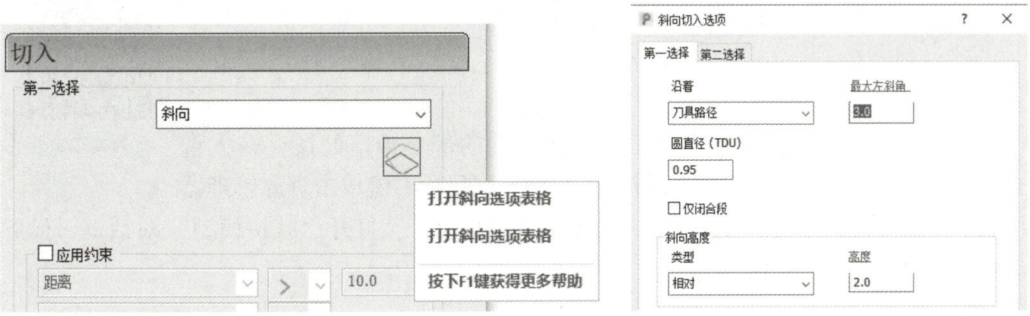

切入

第一选择

斜向

打开斜向选项表格
打开斜向选项表格
按下F1键获得更多帮助

□应用约束

距离 > 10.0

（a）

斜向切入选项 ? ×

第一选择　第二选择

沿着　　　　　　　　最大左斜角

刀具路径　　　　　　3.0

圆直径（TDU）

0.95

□仅闭合段

斜向高度
类型　　　　　　　高度
相对　　　　　　　2.0

（b）

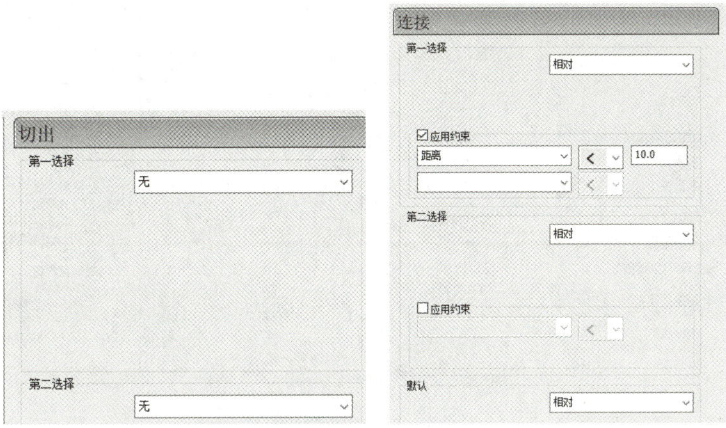

切出

第一选择

无

第二选择

无

（a）

连接

第一选择

相对

☑应用约束

距离 < 10.0

<

第二选择

相对

□应用约束

<

默认

相对

（b）

图 6 - 12　切入切出和连接参数设置

设置完以上参数后，单击 计算 按钮，系统会计算出图 6 - 13 所示的模型区域清除加工刀具路径。

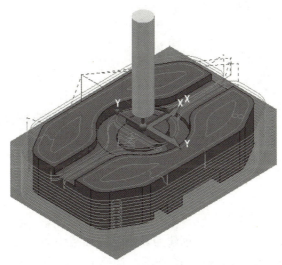

图 6 - 13　模型区域清除加工刀具路径

步骤 4　计算上表面二次开粗刀具路径

1. 计算残留模型

使用"D12"刀具进行粗加工后，在零件的部分角落处还存在大量余量，需要对一次开粗的残留进行二次开粗。用鼠标右键单击资源管理器中的"残留模型"树枝，选择【创建残留模型】命令，打开"残留模型"对话框，设置名称和参数，如图 6-14 所示。

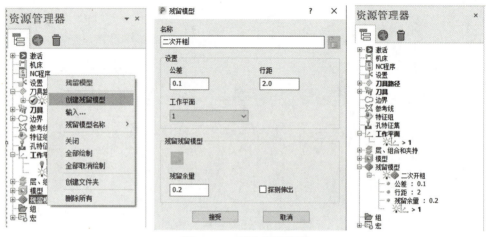

图 6-14　创建残留模型

用鼠标右键单击资源管理器"刀具路径"树枝下的"一次开粗 – 模型区域清除"刀具路径，选择【增加到】→【残留区域】命令，如图 6-15 所示。

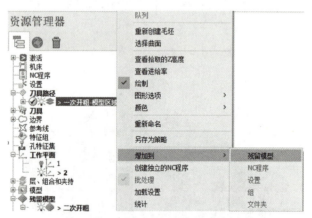

图 6-15　增加残留模型

2. 计算二次开粗刀具路径

单击功能区"开始"选项卡"创建刀具路径"面板中的"刀具路径"按钮，打开"策略选择器"对话框，如图 6-16 所示，切换至"3D 区域清除"选项卡，单击选中"模型残留区域清除"策略后，单击 确定 按钮，打开"模型残留区域清除"对话框。

图 6-16　选择"模型残留区域清除"策略

按图 6-17 所示依次设置刀具、剪裁边界、残留模型区域清除、残留、切入切出和连接、进给和转速等参数。刀具选择 D6 端铣刀，剪裁与一次开粗设置相同。模型残留区域清除样式选择"偏移所有"，切削方向为"任意"，行距为 3.0，下切步距为0.5。"残留加工"选择"残留模型""二次开粗"，残留模型状态为一次开粗的刀具路径。进给和转速根据工艺参数进行设置。

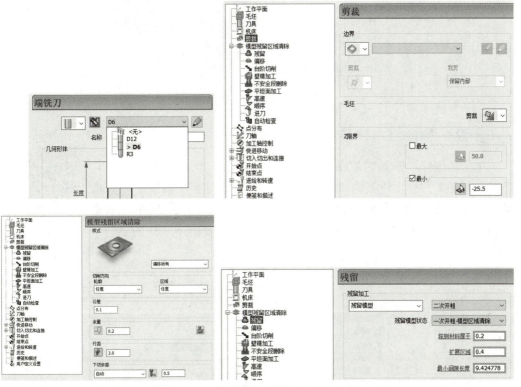

图 6-17　模型残留区域清除参数设置

设置完以上参数后，单击 计算 按钮，系统会计算出图 6-18 所示的模型残留区域清除刀具路径。

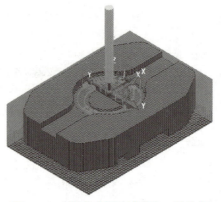

图 6 – 18　模型残留区域清除刀具路径

为了更好地观察新生成的刀具路径，将资源管理器中一次开粗的刀具路径和残留模型左侧的小灯泡图标熄灭（即 ），使它们在图形显示区中隐藏起来，如图 6 – 19 所示。

图 6 – 19　隐藏残留模型

步骤 5　精加工：平坦平面精加工

单击功能区"开始"选项卡"创建刀具路径"功能区中的"刀具路径"按钮 ，打开"策略选择器"对话框，切换至"精加工"选项卡，单击选中"平行平坦面精加工"策略，如图 6 – 20 所示，单击 确定 按钮，打开"平行平坦面精加工"对话框，如图 6 – 21 所示。

平行平坦面
精加工

图 6 – 20　"策略选择器"对话框

图 6-21 "平行平坦面精加工"对话框

按图 6-22 所示依次设置刀具、剪裁边界、平行平坦精加工参数、残留、切入切出和连接、进给和转速等参数。刀具选择 D6 端铣刀，剪裁选择"保留内部"，毛坯选

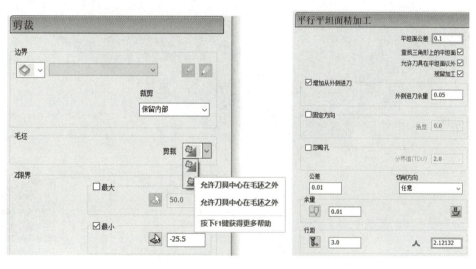

图 6-22 平行平坦面精加工参数设置

择允许刀具在毛坯之外，平行平坦精加工余量为 0.01，行距为 3.0。"残留加工"选择"残留模型""二次开粗"，残留模型状态为一次开粗的刀具路径。切入切出和连接同二次开粗设置相同，进给和转速根据工艺参数进行设置。

设置完以上参数后，单击 计算 按钮，系统会计算出图 6 – 23 所示的平行平坦面精加工刀具路径。

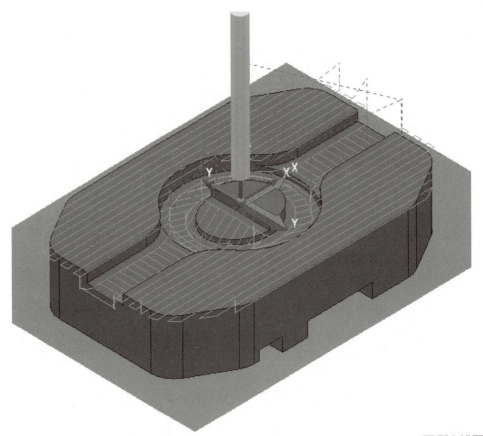

图 6 – 23 平行平坦面精加工刀具路径

平行精加工

步骤 6 精加工：平行精加工

1. 创建边界

加工球面需要先设置边界。选择要加工的球面，用鼠标右键单击资源管理器中的"边界"树枝，选择【创建边界】→【接触点】命令，生产新的边界"1"，操作过程如图 6 – 24 所示。

2. 计算球面精加工刀具路径

单击功能区"开始"选项卡"创建刀具路径"面板中的"刀具路径"按钮，打开"策略选择器"对话框，切换至"精加工"选项卡，单击选中"平行精加工"策略后，单击 确定 按钮，打开"平行精加工"对话框，如图 6 – 25 所示。

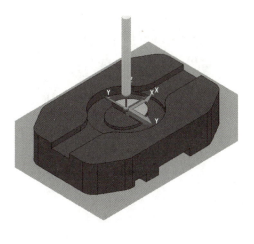

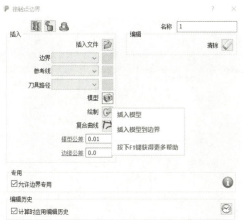
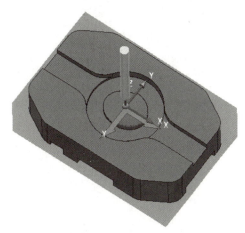

图 6 – 24　创建边界

图 6 – 25　"策略选择器"对话框与"平行精加工"对话框

　　按图 6 – 26 所示依次设置刀具、剪裁边界、平行精加工、切入切出和连接、进给和转速等参数。刀具选择 R3 球头铣刀；剪裁选择创建的接触边界 1，保留内部，毛坯剪裁选择允许刀具在毛坯之外；平行精加工余量为 0，行距为 0.1，勾选"固定方向"

复选框，角度为90°，加工顺序样式选择"双向连接"，圆弧半径为0.1；"切入""切出"选择"无"，"第一连接"选择"曲面上"，进给和转速根据工艺参数进行设置。

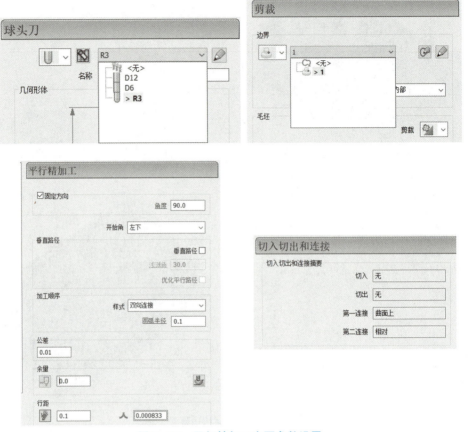

图 6 – 26   平行精加工主要参数设置

设置完以上参数后，单击 计算 按钮，系统会计算出图 6 – 27 所示的平行精加工刀具路径。

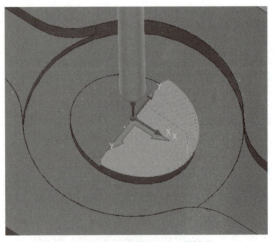

图 6 – 27   平行精加工刀具路径

步骤7 上表面加工仿真

依次对前面生成的一次开粗加工、二次开粗和精加工刀具路径进行仿真切削，最终仿真切削效果如图6-28所示。

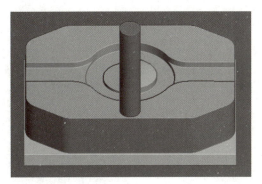

上表面仿真

图6-28 仿真切削结果

步骤8 下表面建立工作平面

用鼠标右键单击资源管理器中的"工作平面"树枝，选择【创建并定向工作平面】→【使用毛坯定位工作平面】命令，单击毛坯底部中央点处创建工作平面，操作过程如图6-29所示。

下表面建立
工作平面

图6-29 创建工作平面

用鼠标右键单击新建的工作平面，选择【工作平面编辑器】选项，打开"工作平面编辑器"对话框，调整坐标系的方向，最后结果如图6-30所示。

步骤9 计算下表面开粗刀具路径

1. 设置毛坯

单击功能区"开始"选项卡"刀具路径设置"面板中的"毛坯"按钮，打开"毛坯"对话框，设置毛坯参数，毛坯最大尺寸为0，如图6-31所示，最后单击 接受 按钮。

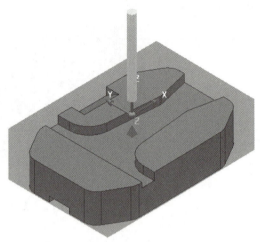

图 6 - 30　编辑工作平面

图 6 - 31　重设毛坯参数

2. 计算下表面开粗刀具路径

　　反向装夹，对配合件的下表面用端铣刀铣平面，直至高度尺寸达到图纸要求。开粗选用模型区域清除策略，单击功能区"开始"选项卡"创建刀具路径"面板中的"刀具路径"按钮，打开"策略选择器"对话框，切换至"3D 区域清除"选项卡，单击选中"模型区域清除"策略后，单击 确定 按钮，打开"模型区域清除"对话框，按图 6 - 32 所示依次设置刀具、模型区域清除、剪裁界限、切入切出和连接、进给和转速等参数。

模型区域清除

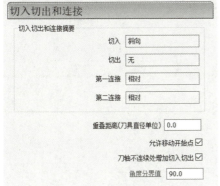

图 6 – 32　模型区域清除参数设置

设置完以上参数后，单击 计算 按钮，系统会计算出图 6 – 33 所示的模型区域清除刀具路径。

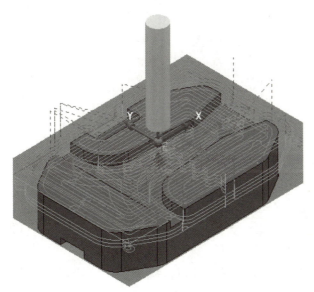

图 6 – 33　模型区域清除刀具路径

步骤10 精加工：平行平坦面精加工

粗加工完成后，进行平坦区域的精加工。单击功能区"开始"选项卡"创建刀具路径"功能区中的"刀具路径"按钮，打开"策略选择器"对话框，切换至"精加工"选项卡，单击选中"平行平坦面精加工"策略后，单击 确定 按钮，打开"平行平坦面精加工"对话框，按图 6-34 所示依次设置刀具、剪裁边界、平行平坦精加工、切入切出和连接、进给和转速等参数。刀具选择 D6 端铣刀，"剪裁"选择"保留内部"，毛坯选择允许刀具在毛坯之外，Z 限界为 -15；平行平坦精加工余量为 0，固定方向加工，角度为 90°，行距为 3.0。

下表面平行平坦
面平行加工

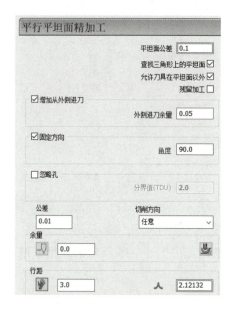

图 6-34 平行平坦面精加工主要参数设置

设置完以上参数后，单击 计算 按钮，系统会计算出图 6-35 所示的平行平坦面精加工刀具路径。

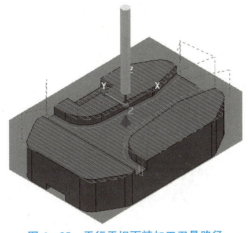

图 6 - 35　平行平坦面精加工刀具路径

步骤 11　精加工：平行精加工

1. 计算局部斜面精加工刀具路径

单击功能区"开始"选项卡"创建刀具路径"功能区中的"刀具路径"按钮，打开"策略选择器"对话框，切换至"精加工"选项卡，单击选中"平行精加工"策略后，单击 确定 按钮，打开"平行精加工"对话框，按图 6 - 36 所示设置相关参数，刀具选择 D6 端铣刀，精加工选择固定方向 90°，行距为 0.1，"切入""切出"选择"无"，"第一连接"选择"曲面上"，"第二连接"选择"相对"。

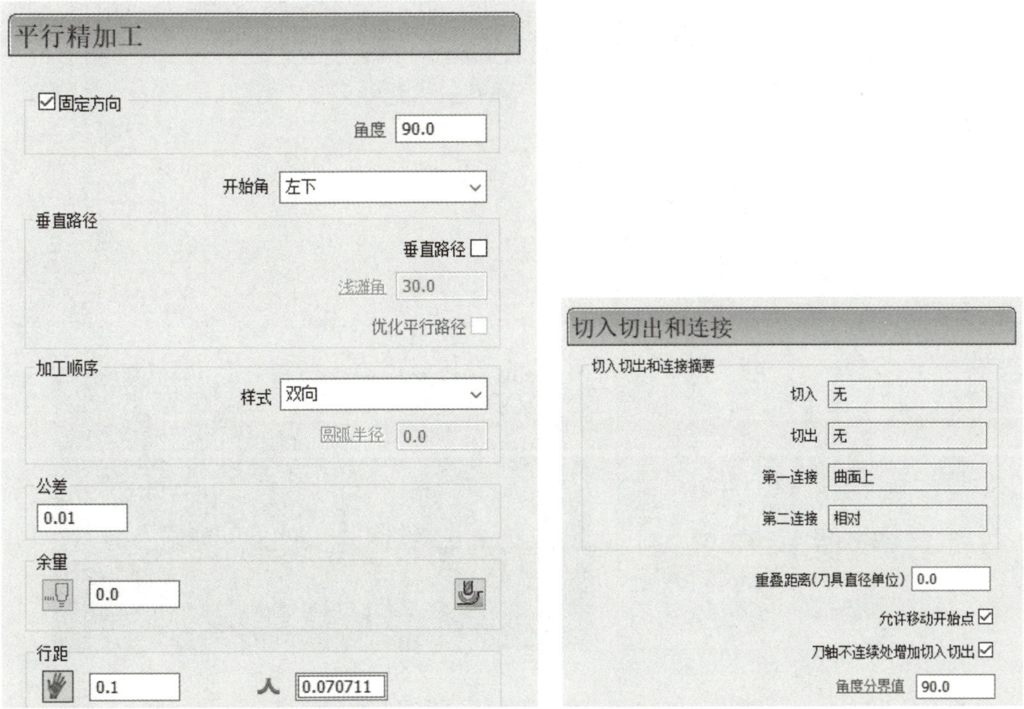

斜面—平行
精加工

平行精加工

☑ 固定方向

角度 `90.0`

开始角 `左下`

垂直路径

垂直路径 ☐

浅滩角 `30.0`

优化平行路径 ☐

加工顺序

样式 `双向`

圆弧半径 `0.0`

公差

`0.01`

余量

`0.0`

行距

`0.1` 　 `0.070711`

切入切出和连接

切入切出和连接摘要

切入 `无`

切出 `无`

第一连接 `曲面上`

第二连接 `相对`

重叠距离(刀具直径单位) `0.0`

允许移动开始点 ☑

刀轴不连续处增加切入切出 ☑

角度分界值 `90.0`

图 6 - 36　平行精加工主要参数设置

设置完以上参数后，单击 计算 按钮，系统会计算出图6-37所示的平行精加工刀具路径。

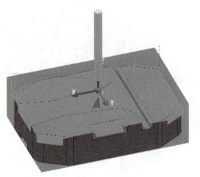

图6-37　平行精加工刀具路径

2. 剪裁刀具路径

调整视图方向，单击功能区"刀具路径编辑"选项卡"编辑"功能区中的"剪裁"按钮，如图6-38所示，打开"刀具路径剪裁"对话框，如图6-39（a）所示。"剪裁"到选择"多边形"，"保存"选择"内"，在刀具路径上绘制图6-39（b）所示剪裁区域，单击"应用"按钮，生成新的刀具路径，如图6-40所示。

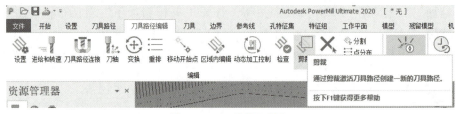

图6-38　"剪裁"按钮

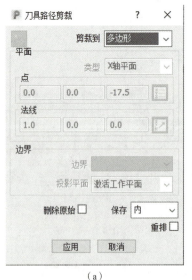

（a）

（b）

图6-39　"刀具路径剪裁"对话框与剪裁区域
（a）"刀具路径剪裁"对话框；（b）剪裁区域

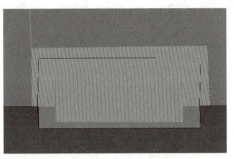

图6-40 剪裁后的刀具路径

按住【Shift】键，选中多余的刀具路径，单击图6-41所示"删除已选"按钮✕，生成图6-42所示最终斜面加工刀具路径。

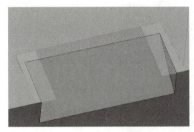

图6-41 "删除已选"按钮

步骤12 精加工：等高精加工

轮廓的精加工选择等高精加工。单击功能区"开始"选项卡"创建刀具路径"面板中的"刀具路径"按钮，打开"策略选择器"对话框，切换至"精加工"选项卡，单击选中"等高精加工"策略后，单击 确定 按钮，打开"等高精加工"对话框。按图6-43所示依次设置刀具、等高精加工、切入切出和连接、进给和转速等参数。刀具选择D12端铣刀；剪裁边界选择"无""保留内部"，毛坯选择允许刀具在毛坯之外；等高精加工最小下切步距为30，余量为0，"切削方向"选择"任意"；"切入"选择"斜向"，"切出"选择"无"，"第一连接""第二连接"选择"相对"，进给和转速根据工艺参数进行设置。

图6-42 斜面加工刀具路径

设置完以上参数后，单击 计算 按钮，系统会计算出图6-44所示的等高精加工刀具路径。

等高精加工

步骤13 配件加工仿真

配件的下表面加工全部完成，按前述步骤依次对各刀具路径进行加工仿真，配合件加工仿真结果如图6-45所示。

配件加工仿真

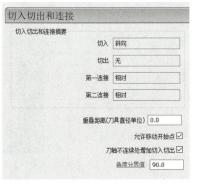

图 6-43　等高精加工主要参数设置

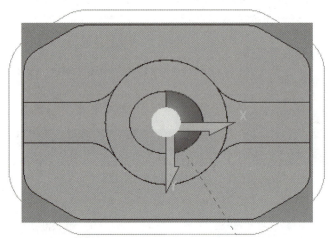

图 6-44　等高精加工刀具路径

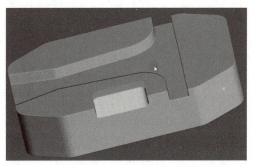

图 6-45　配件加工仿真结果

步骤 14　保存项目文件并生成 NC 程序

仿照前面项目的后处理方法生成 NC 程序。

步骤 15　NC 程序传输，数控机床加工

项目评价

教师与学生评价表见附录。附录包括操作技能考核总成绩表、程序与工艺评分表、安全文明生产评分表、工件质量评分表和教师与学生评价表。表6-5为本工件的质量评分表。

表6-5　工件质量评分表（40分）

序号	考核项目	考核内容及要求	配分	评分标准	检测结果	得分
1	长/mm	118 ± 0.03	4	超差0.01 mm扣1分		
2	宽/mm	78 ± 0.03	4	超差0.01 mm扣1分		
3	高/mm	25 ± 0.03	4	超差0.01 mm扣1分		
4	上表面尺寸/mm	$80_{-0.04}^{0}$	4	超差0.01 mm扣1分		
		$28_{-0.04}^{0}$	4	超差0.01 mm扣1分		
		$16_{0}^{+0.04}$	4	超差0.01 mm扣1分		
5	下表面尺寸/mm	$28_{0}^{+0.04}$	4	超差0.01 mm扣1分		
		$23_{-0.04}^{0}$	4	超差0.01 mm扣1分		
		$6_{0}^{+0.04}$（2处）	4	超差0.01 mm扣1分		
		$4_{0}^{+0.04}$	4	超差0.01 mm扣1分		
总分						

项目练习

请同学们分组进行分析讨论，制定配合件2的加工工艺并填写表6-6～表6-8。按照制定的工艺，同学们完成配合件的刀具路径并生成NC程序。

表6-6　刀具卡

序号	刀具名称	用途	刀具半径/mm	备注

表6-7　配合件2工步安排

工步	工步名称	加工区域	加工策略	加工刀具	公差/mm	余量/mm

表6-8　进给与转速设置

进给与转速	主轴转速 /(r·min⁻¹)	切削进给率 /(mm·min⁻¹)	下切进给率 /(mm·min⁻¹)	掠过进给率 /(mm·min⁻¹)
粗加工				
精加工				

知识链接

1. 残留模型的含义及注意事项

残留刀具路径将切除前一大刀具未能加工到而留下的区域，小刀具将仅加工剩余区域，这样可缩短切削时间。PowerMill 在残留初加工中引入了残留模型的概念。使用新的残留模型方法进行残留初加工可极大地加快计算速度，提高加工精度，确保每把刀具能进行最高效率的切削。这种方法尤其适合需要使用多把尺寸逐渐减小的刀具进行切削的零件。在某些情况下，一次粗加工之后毛坯的残留材料过多，必须进行第二次甚至第三次粗加工。由于粗加工刀具路径的生成默认参考模型毛坯，若第二次粗加工仍然由毛坯生成刀具路径，则此刀具路径中无效的切削路径将占很大比例，这样将延长加工时间，降低加工效率，增加加工成本。

Powermill 为此提供了残留加工的方法。残留加工的主要目的是保证精加工时余量均匀。最常用的方法是先算出残留材料的边界轮廓（参考刀具未加工区域的三维轮廓），然后选用较小的刀具仅加工这些三维轮廓区域，而不用重新加工整个模型。一般用等高精加工方法加工残留材料区域内部。为了得到合理的刀具路径，应注意以下几点。

（1）计算残留边界时所用的余量应与粗加工所留的余量一致。

（2）进行残留加工时，假如粗刀加工在 Z－10，换小号的刀具时从 Z－10 下继续开粗，记得要先把 Z－10 上面的死角先用小号的刀具清完，才可以继续从 Z－10 加工，依此类推，换更小的刀具，直到二次开粗完成。

（3）二次开粗时，只有后面刀具的直径超过上把刀具的半径才是绝对安全的。

（4）用残留边界等高加工零件中的凹面时，应取消勾选"型腔加工"复选框。否则，刀具单侧切削时，随着深度的增加，接触刀具的材料增多，切削力增大。

（5）注意切入的方法。等高加工封闭区域的型腔时，一般选用斜向切入，而对于上部开放部分，则采用水平圆弧切入。此种路径是比较合理的。下切适合无封闭型腔的模型斜向；预钻孔无法从毛坯外下刀时，用此选项。

（6）在二次开粗各光平面的过程中，有的刀具切入路径很长，这时将切入切出和连接参数中的增量距离改为刀具路径点即可。

2. 模型残留区域清除策略详解

在 PowerMill 功能区"开始"选项卡"创建刀具路径"工具栏中，单击"刀具路径"按钮，打开"策略选择器"对话框，选择"3D 区域清除"选项卡，选择"模型残留区域清除"策略，单击"确定"按钮，打开"模型残留区域清除"对话框，在该对话框的策略树下，单击"残留"树枝，调出"残留"选项卡，如图 6－46 所示。该选项卡主要参数设置解释如下。

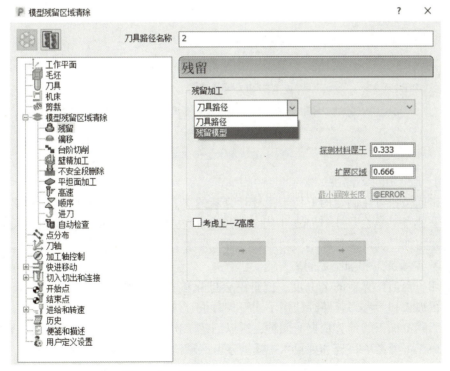

图 6－46 "模型残留区域清除"对话框

1）残留加工

（1）刀具路径。

计算第一次粗加工后留下的超过余量厚度值的材料，对这些区域计算残留加工刀具路径。此刀具路径称为参考刀具路径，它必须是已经存在的、完成计算的刀具路径。

（2）残留模型。

使用预先创建出来的残留模型作为加工对象来计算残留加工刀具路径。

2）探测材料厚于

设置一个厚度值，系统在计算零件加工区域生成残留加工刀具路径时，忽略厚度比设置值小的区域。

3）扩展区域

设置一个数值，残留区域沿零件轮廓表面按该数值进行扩展。此选项可与"探测材料厚于"选项联合使用。此时，系统首先减少一些角落加工，然后偏置这些残留区域以确保所有角落都能被加工到。

4）最小间隙长度

该选项在残留加工的计算依据设置为残留模型时激活，输入间隙长度，从而通过将短于此距离的间隙替换为刀具路径段来控制碎片。较大的值会减少碎片，但会增加不切削材料的刀具路径长度；较小的值会产生较短的刀具路径，但会增加刀具路径提刀次数。

5）考虑上一Z高度（图6-47）

残留加工Z高度与刀具路径Z高度的关系有两种选项。

图6-47　考虑上一Z高度

（1）加工中间Z高度。

单击此按钮可在制定的下切步距处计算新的Z高度。这时系统将不会使用参考刀具路径Z高度。这会产生"加工中间Z高度"的效果，从而有助于使用相同尺寸的刀具进行残留加工，以尽量减小层切形成的阶梯高度。

（2）重新加工和加工之间。

下切步距值计算新的Z高度，但是不会排除参考刀具路径使用的Z高度。这个选项在残留加工和参考刀具路径使用不同刀具时很有效。

由于残留加工的计算依据有两种，所以创建二次粗加工刀具路径的方式也有两种。其具体操作可参考项目五和项目六中模型残留区域清除加工策略。

项目七 带孔零件的编程加工

项目导入

前面项目中零件上孔的加工采用立铣刀等高精加工的策略，如果一个零件有多个孔，采用立铣刀铣削时刀具磨损加剧，成本提高。本项目仍是学习配合件的加工。配合件零件图如图7-1所示，其中凹零件上有孔，采用钻孔的加工方法进行加工，配合

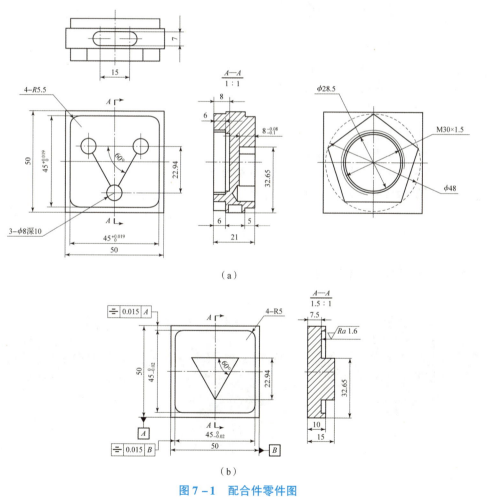

（a）

（b）

图7-1 配合件零件图
（a）凹零件；（b）凸零件

件上其他部位采用模型区域清除、等高精加工、平行平坦面精加工等常用加工策略；凸零件结构比较简单，采用模型区域清除、等高精加工、平行平坦面加工等加工策略。

本配合件的考核要求如下。

（1）锐边倒钝；

（2）凸零件与凹零件相嵌，单面间隙小于 0.015 mm。

项目目标

★知识目标

（1）掌握钻孔的加工方法；

（2）掌握模型残留区域清除策略；

（3）掌握平行平坦面精加工策略；

（4）掌握平行精加工策略；

（5）掌握等高精加工策略；

（6）掌握旋风铣技术的设置方法。

★技能目标

（1）具备选择合理加工策略进行加工的能力；

（2）具备选择合理刀具进行加工的能力；

（3）具备制定配合件加工工艺的能力。

★素质目标

（1）培养学生知行合一的实践精神；

（2）培养学生勇于探索的守正创新精神；

（3）培养学生善于解决问题的锐意进取精神；

（4）培养学生不怕苦、不怕累的劳动精神。

项目任务

配合件三维模型如图 7-2 所示。

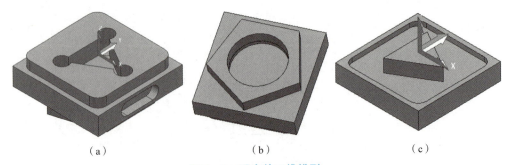

图 7-2　配合件三维模型
（a）凹零件上表面；（b）凹零件下表面；（c）凸零件

（1）凹零件的尺寸为 50 mm×50 mm×21 mm，毛坯采用方坯，大小为 55 mm × 55 mm×30 mm。

（2）凸零件的尺寸为 50 mm×50 mm×15 mm，毛坯采用方坯，大小为 55 mm × 55 mm×20 mm。

（3）该配合件凹零件的上、下表面结构比较规则，加工重点是钻孔加工，需要设置参考线加工。

（4）本项目重点分析凹零件的加工工艺，对于凸零件的加工工艺，同学们分组分析。

凹零件的刀具卡如表 7-1 所示。凹零件工步安排、进给与转速设置如表 7-2 和表 7-3 所示。

表 7-1　刀具卡

序号	刀具名称	用途	刀具半径/mm	备注
1	φ8 中心钻	钻孔	4	硬质合金
2	φ5 中心钻	钻孔	2.5	硬质合金
3	φ10 端铣刀	粗加工	5	硬质合金
4	φ8 端铣刀	孔精加工	4	硬质合金
5	φ4 端铣刀	凹三角腔精加工	2	硬质合金
6	φ6 端铣刀	平坦区域、侧面键槽	3	硬质合金

表 7-2　凹零件工步安排

工步	工步名称	加工区域	加工策略	加工刀具	公差/mm	余量/mm
1	粗加工	3 个孔	钻孔	φ5 中心钻	0.1	0.2
2	精加工	3 个孔	钻孔	φ8 中心钻	0.1	0.2
3	粗加工	凹零件上部区域	等高精加工	φ10 端铣刀	0.1	0.1
4	精加工	凹零件上部轮廓	等高精加工	φ10 端铣刀	0.01	0
5	精加工	三角凹腔轮廓	等高精加工	φ4 端铣刀	0.01	0
6	精加工	三角凹腔平面	平行平坦面精加工	φ4 端铣刀	0.01	0
7	反向装夹					
8	粗加工	凹零件下部区域	模型区域清除旋风铣技术	φ10 端铣刀	0.1	0.2

工步	工步名称	加工区域	加工策略	加工刀具	公差/mm	余量/mm
9	精加工	下部平坦面	平行平坦面精加工	ϕ6 端铣刀	0.01	0
10	精加工	带孔五棱柱	等高精加工	ϕ10 端铣刀	0.01	0
11	精加工	孔轮廓	线框轮廓加工	ϕ12 端铣刀	0.01	0
12	精加工	侧面键槽	等高精加工	ϕ6 端铣刀	0.01	0

表 7 - 3　进给与转速设置

进给与转速	主轴转速 /(r·min^{-1})	切削进给率 /(mm·min^{-1})	下切进给率 /(mm·min^{-1})	掠过进给率 /(mm·min^{-1})
钻孔粗加工	1 000	150	150	10 000
钻孔精加工	1 500	200	200	10 000
粗加工	4 000	3 500	1 000	10 000
精加工	5 000	3 000	1 000	10 000

 项目实施

步骤1　新建凹零件的加工项目

启动 PowerMill 软件，选择【输入】→【范例】选项，打开"范例"对话框，输入本书配套素材中的"Ch07\Sample\aojian"文件。

步骤2　准备加工

1. 创建毛坯

单击功能区"开始"选项卡"刀具路径设置"面板中的"毛坯"按钮，打开"毛坯"对话框，保持系统默认设置，先单击 计算 按钮，毛坯尺寸为 50 mm×50 mm×21 mm，修改长度和宽度尺寸为 55 mm，高度不变，再单击 接受 按钮。

2. 创建工作平面

单击功能区"开始"选项卡"刀具路径设置"面板中的"创建工作平面"按钮的下拉三角按钮，选择"工作平面定位在毛坯上"选项，选择毛坯顶部中央关键点，在此处建立一个工作平面。

3. 创建刀具

按表 7 - 1，依次创建加工所需刀具。本例中刀柄参数和夹持参数不做要求，请同学们根据前述项目所学自行设置。

4. 设置快进高度、加工开始点和结束点

单击功能区"开始"选项卡"刀具路径设置"面板中的"刀具路径连接"按钮
⌷刀具路径连接，打开"刀具路径连接"对话框，选择"安全区域"选项卡，设置快进间隙为
"5.0"，下切间隙为"5.0"，单击 计算 按钮，完成快进高度设置，切换到"开始点和
结束点"选项卡，保持系统默认的开始点和结束点设置，单击 接受 按钮，完成加工
开始点和结束点设置。

步骤3 钻孔开粗

1. 创建孔特征集

单击功能区"开始"选项卡"创建刀具路径"面板中的"刀具路
径"按钮 刀具路径，打开"策略选择器"对话框，选择"钻孔"选项，调出"钻孔"选项
卡，在该选项卡中选择"钻孔"选项，单击"确定"按钮，打开"钻孔"对话框。

单击"钻孔"对话框左侧列表框中的"孔"选项，按住【Shift】键，依次选取3
个直径为8 mm的孔，单击"创建特征"按钮，生成一个名称为"1"的孔特征集，如
图7-3所示。

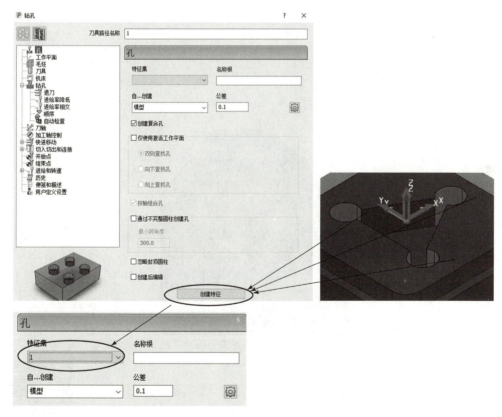

图7-3 创建孔特征集

2. 计算钻孔加工刀具路径

单击"钻孔"对话框左侧列表框中的"钻孔"选项，设置钻孔参数，"循环类型"

选择"单次啄孔","定义顶部"选择"孔顶部","操作"选择"用户定义",具体参数设置如图7-4所示,按工艺要求设置进给和转速。"切入""切出"选择"无","第一连接"选择"直"。单击"计算"按钮,生成钻孔加工刀具路径,如图7-5所示,最后将生成的刀具路径重新命名为"D5钻孔"。

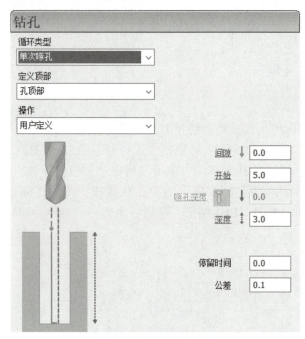

图7-4 钻孔参数设置

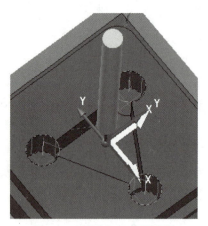

图7-5 钻孔加工刀具路径

步骤4 二次钻孔加工

用鼠标右键单击资源管理器中的钻孔开粗刀具路径"D5钻孔",单击"设置"按键,再次打开"钻孔"对话框,单击对话框左上角的 二次钻孔
"基于此刀具路径创建一新的刀具路径"图标，复制出新的钻孔刀具路径,修改名称为"D8钻孔",在"钻孔"对话框左侧的列表框中单击"刀具"选项重新选择刀具

"D8 中心钻"，如图 7-6 所示。按图 7-7 所示设置钻孔参数，其他保持不变，单击"计算"按钮，生成"D8 钻孔"刀具路径。

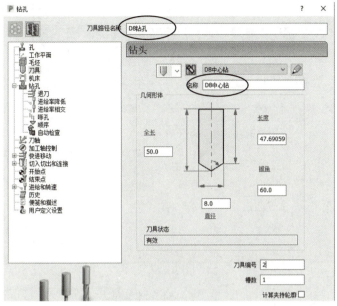

图 7-6　D8 钻孔加工

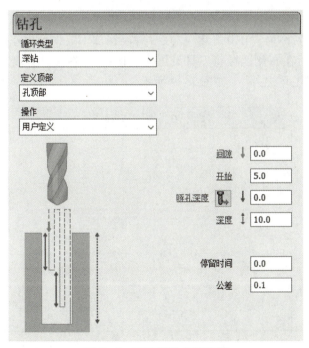

图 7-7　二次钻孔参数设置

步骤 5　模型粗加工：等高精加工

单击功能区"开始"选项卡"创建刀具路径"面板中的"刀具路径"

模型粗加工
等高精加工

按钮，打开"策略选择器"对话框，切换至"精加工"选项卡，单击选中"等高精加工"策略后，单击 确定 按钮，打开"等高精加工"对话框，按照图7-8所示设置等高精加工参数。

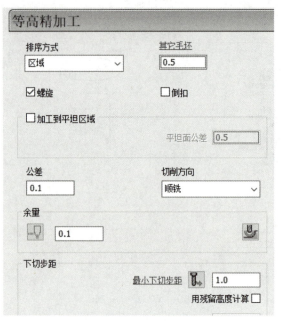

图7-8 等高精加工参数设置

设置刀具路径名称为"D10开粗"，在"等高精加工"对话框左侧的列表框中单击"刀具"选项，然后在右侧区域将刀具设置为"D10"。单击"剪裁"选项，将毛坯设置为"刀具中心在毛坯之外"，如图7-9所示。

图7-9 剪裁设置

在"等高精加工"对话框左侧的列表框中单击"切入切出和连接"选项，切入第一选择设为"斜向"，单击"打开斜向选项表格"按钮，打开"斜向切入选项"对话框，最大左斜角设为"3.0"，高度设为"1.0"，切出选择设为"无"，连接第一选择设为"直"，如图7-10所示。

图7-10 切入切出和连接设置

在"等高精加工"对话框左侧的列表框中单击"进给和转速"选项，然后在右侧区域按照表7-3设置陡峭面精加工进给和转速参数。

设置完以上参数后，单击 计算 按钮，系统会计算出图7-11所示的模型粗加工刀具路径。

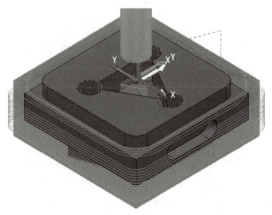

图7-11 模型粗加工刀具路径

步骤6 模型轮廓精加工：等高精加工

轮廓精加工

模型完成开粗后，进行上部区域轮廓的精加工，由于仍选择等高精加工，所以可以复制上一条刀具路径后修改加工参数得到。

刀具仍采用 D10 端铣刀，切入、切出选择"水平圆弧"，角度设为90°，半径设为"5"，详细设置如图 7 - 12 所示，连接方式不变；剪裁参数的 Z 界限设为"-17"；等高精加工参数的最小下切步距设为"20"，如图 7 - 13 所示；进给和转速按工艺要求设置。

图 7 - 12 切入、切出参数设置

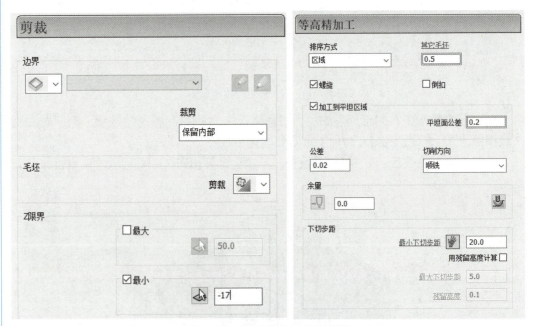

图 7 - 13 等高精加工参数设置

设置完以上参数后，单击 计算 按钮，系统会计算出图 7 - 14 所示的模型轮廓精加工刀具路径。选中三角凹腔内的刀具路径，单击功能区"刀具路径编辑"选项卡"编辑"面板中的"删除已选"按钮✕，得到图 7 - 15 所示修改后的等高精加工刀具路径。

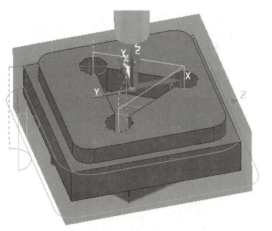

图 7 - 14　模型轮廓精加工刀具路径

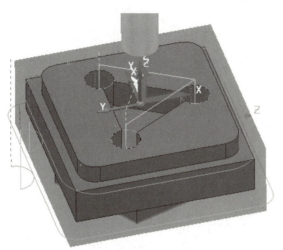

三角凹腔
等高精加工

图 7 - 15　修改后的等高精加工刀具路径

步骤 7　三角凹腔：等高精加工

三角凹腔的内部空间较小，采用 D4 端铣刀加工，该区域不通过设置边界进行加工，采用重新定义毛坯参数的方法进行加工。

采用前面项目所述方法复制步骤 6 的刀具路径，将新的刀具路径命名为"D4 等高精加工"，刀具选择 D4 端铣刀。在模型中选择三角凹腔的底面和侧面，如图 7 - 16 所示，在"等高精加工"对话框左侧的列表框中单击"毛坯"选项，再点击 计算 按钮，就会计算出新的毛坯尺寸，按照图 7 - 17 所示设置长度参数，其余保持不变（毛坯的尺寸可以多次尝试）。

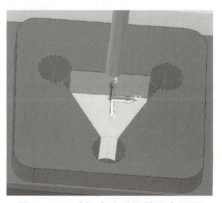

图 7 - 16　选择产生毛坯的两个平面

操作提示: 先按照后面的加工参数设置计算刀具路径,然后根据刀具路径调整毛坯参数的大小

图 7 – 17 毛坯长度尺寸设置

依次按图 7 – 18 所示设置剪裁、等高精加工、切入切出和连接、进给和转速等参数,然后单击 计算 按钮,系统会计算出图 7 – 19 所示的 D4 等高精加工刀具路径。

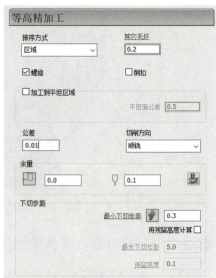

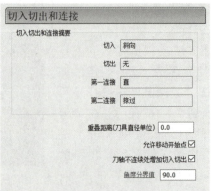

图 7 – 18   D4 等高精加工参数设置

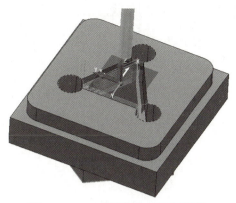

图 7 – 19　D4 等高精加工刀具路径

步骤8　三角凹腔平坦区域：平坦面精加工

单击功能区"开始"选项卡"创建刀具路径"面板中的"刀具路径"按钮，打开"策略选择器"对话框，切换至"精加工"选项卡，单击选中"平行平坦面精加工"策略，单击确定按钮，打开"平行平坦面精加工"对话框。

三角凹腔 平行
平坦面精加工

刀具选择 D4 端铣刀。重新调整毛坯尺寸，如图 7 – 20 所示，依次设置剪裁、平行平坦面精加工、切入切出和连接、进给和转速等参数，详细设置如图 7 – 21 所示，单击"计算"按钮，生成的刀具路径如图 7 – 22 所示。

操作提示： 先按照后面的加工参数设置计算刀具路径，然后根据刀具路径调整毛坯参数的大小

毛坯

由...定义

方框

坐标系

激活工作平面

限界

	最小		最大		长度	
X	-10.0		10.0		20.0	
Y	-12.0		10.0		22.0	
Z	-21.0		0.0		21.0	

图 7 – 20　毛坯参数设置

零件上部凹面区域加工全部完成，对刀具路径进行仿真加工，零件加工仿真效果如图 7 – 23 所示。

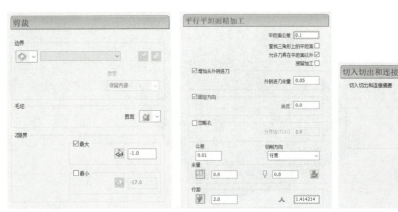

图 7-21　平行平坦面精加工参数设置

图 7-22　平行平坦面精加工刀具路径

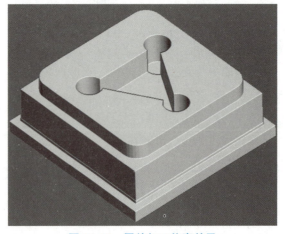

图 7-23　零件加工仿真效果

零件下表面开粗

步骤 9　零件下表面开粗

重新定义毛坯尺寸，参数如图 7-24（a）所示。

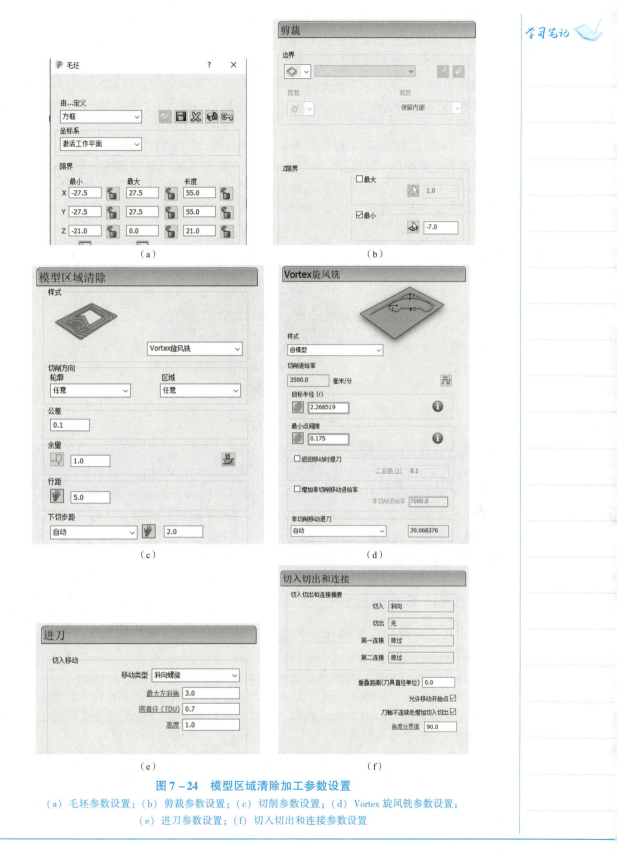

图 7-24　模型区域清除加工参数设置

（a）毛坯参数设置；（b）剪裁参数设置；（c）切削参数设置；（d）Vortex 旋风铣参数设置；
（e）进刀参数设置；（f）切入切出和连接参数设置

用鼠标右键单击资源管理器中的"工作平面"树枝，选择【创建并定向工作平面】→【使用毛坯定位工作平面】命令，单击毛坯底部中央点处创建工作平面，操作步骤见项目六中"项目实施"的步骤9。

单击功能区"开始"选项卡"创建刀具路径"面板中的"刀具路径"按钮，打开"策略选择器"对话框，切换至"3D 区域清除"选项卡，单击选中"模型区域清除"策略后，单击 确定 按钮，打开"模型区域清除"对话框。

在"模型区域清除"对话框左侧的列表框中单击"剪裁"选项，边界设为"无"，Z 限界设为"最小"，数值为"-7"；单击"模型区域清除"选项，"样式"选择"Vortex 旋风铣"，"切削方向"选择"任意"，行距设为"5.0"。详细参数设置如图7-24 所示，单击"计算"按钮，系统生成图7-25 所示的 Vortex 旋风铣刀具路径。

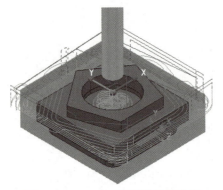

图 7 – 25　Vortex 旋风铣刀具路径

提示

Vortex（漩涡）旋风铣技术是 PowerMill 软件独有的高速粗加工技术。应用 Vortex 旋风铣技术计算出来的刀具路径无论在工件任何区域，都能保证恒定的接触角和切削进给，使整个加工过程维持恒定的载荷。Vortex 旋风铣技术执行的是"大背吃刀量校铣削宽度"的粗加工思路，主要使用刀具的侧刃进行切削，因此它最适合整体硬质合金刀具，对带有复杂曲面的三维模型进行粗加工时，它经常与台阶结合使用。

步骤 10　等高精加工

对带孔五棱柱的内轮廓和外轮廓进行精加工，选用等高精加工策略。

等高精加工

单击功能区"开始"选项卡"创建刀具路径"面板中的"刀具路径"按钮，打开"策略选择器"对话框，切换至"精加工"选项卡，单击选中"等高精加工"策略后，单击 确定 按钮，打开"等高精加工"对话框，按照图7-26 所示设置等高精加工各参数。

在"等高精加工"对话框左侧的列表框中单击"刀具"选项，然后在右侧区域将刀具设为"D10"。单击"切入切出和连接"选项，将切入切出角度设为90°，半径设为"5"，其他如图7-27（a）所示。按工艺要求设置进给和转速参数，如图7-27（b）所示。

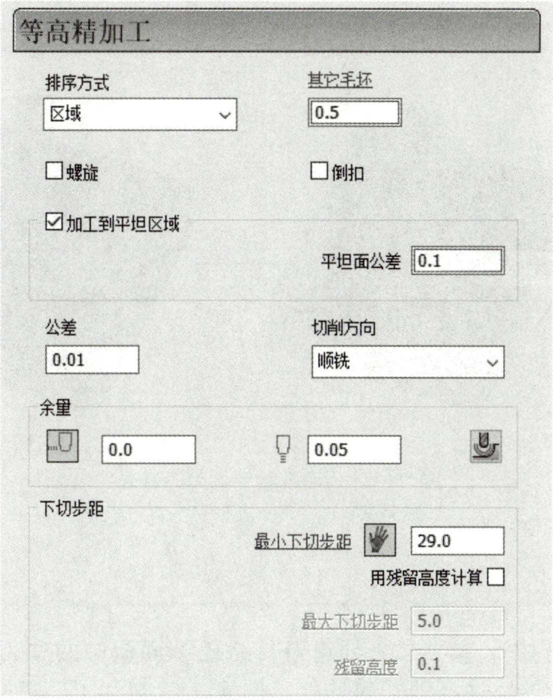

图 7 - 26　等高精加工参数设置（1）

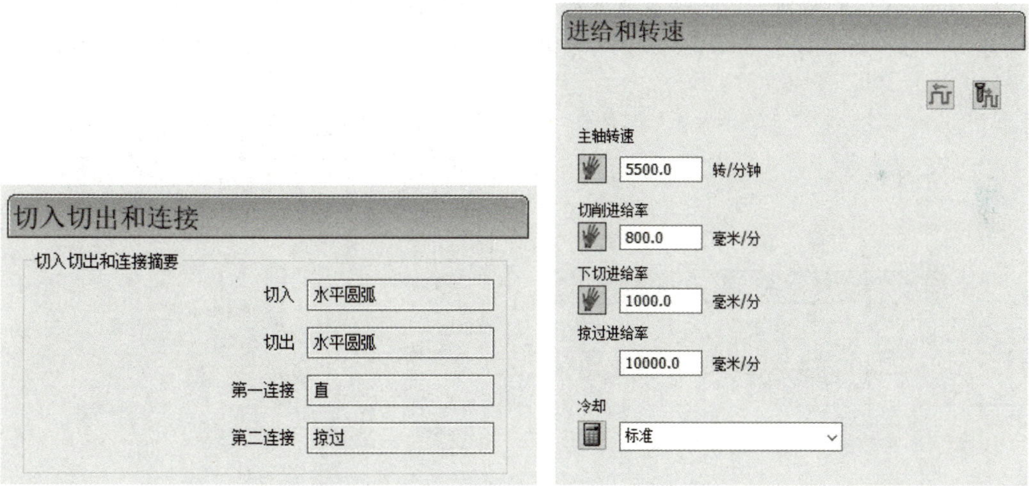

（a）　　　　　　　　　　　　　　　　　（b）

图 7 - 27　等高精加工参数设置（2）

（a）切入切出和连接参数设置；（b）进给和转速参数设置

　　设置完以上参数后，单击 计算 按钮，系统会计算出图 7 - 28（a）所示的等高精加工刀具路径。

　　选中图 7 - 28（a）中最底层的那条刀具路径，单击功能区"刀具路径编辑"选项卡"编辑"面板中的"删除已选"按钮✕，得到图 7 - 28（b）所示修改后的刀具路径。

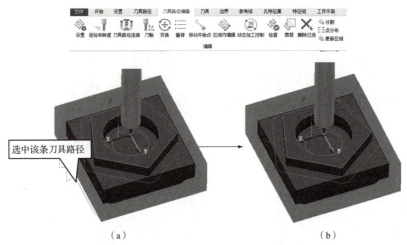

（a）　　　　　　　　　　　　　（b）

图 7 - 28　等高精加工刀具路径

（a）原刀具路径；（b）修改后的刀具路径

步骤 11　平行平坦面精加工

平行平坦面
精加工

单击功能区"开始"选项卡"创建刀具路径"面板中的"刀具路径"按钮，打开"策略选择器"对话框，切换至"精加工"选项卡，单击选中"平行平坦面精加工"策略，单击 **确定** 按钮，打开"平行平坦面精加工"对话框。

刀具选择 D6 端铣刀，依次设置剪裁、平行平坦面精加工、切入切出和连接、进给和转速等参数，详细设置如图 7 - 29 所示，单击"计算"按钮，生成的刀具路径如图 7 - 30 所示。

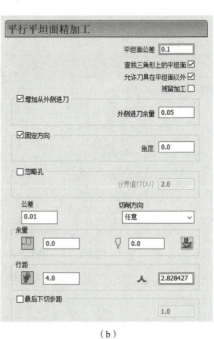

（a）　　　　　　　　　　　　　　（b）

图 7 - 29　平行平坦面精加工主要参数设置

（a）剪裁参数设置；（b）平行平坦面精加工参数设置

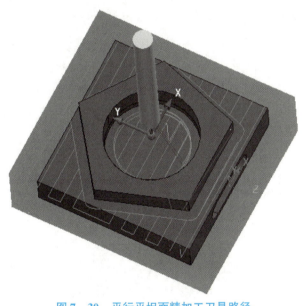

切入切出和连接

切入切出和连接摘要

切入	斜向
切出	无
第一连接	直
第二连接	掠过

重叠距离(刀具直径单位) 0.0

允许移动开始点 ☑

刀轴不连续处增加切入切出 ☑

角度分界值 90.0

（c）

进给和转速

主轴转速

5500.0 转/分钟

切削进给率

1500.0 毫米/分

下切进给率

1000.0 毫米/分

掠过进给率

10000.0 毫米/分

冷却

标准

（d）

图 7 – 29 平行平坦面精加工主要参数设置（续）

（c）切入切出和连接参数设置；（d）进给和转速参数设置

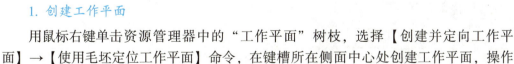

图 7 – 30 平行平坦面精加工刀具路径

键槽等高精加工

步骤 12 加工键槽

1. 创建工作平面

用鼠标右键单击资源管理器中的"工作平面"树枝，选择【创建并定向工作平面】→【使用毛坯定位工作平面】命令，在键槽所在侧面中心处创建工作平面，操作过程如图 7 – 31 所示，创建完成后激活新生成的工作平面。

2. 计算等高精加工刀具路径

单击功能区"开始"选项卡"创建刀具路径"面板中的"刀具路径"按钮，打开"策略选择器"对话框，选择"精加工"→"等高精加工"策略后，单击 确定 按

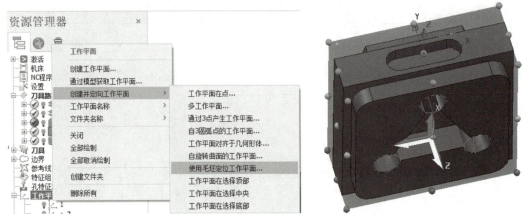

图 7-31 创建工作平面

钮，打开"等高精加工"对话框。

重新设置毛坯尺寸，选择键槽的底面和平侧面，在"等高精加工"对话框左侧的列表框中单击"毛坯"选项，然后在右侧区域单击"计算"按钮，生成新的毛坯，如图 7-32 所示。

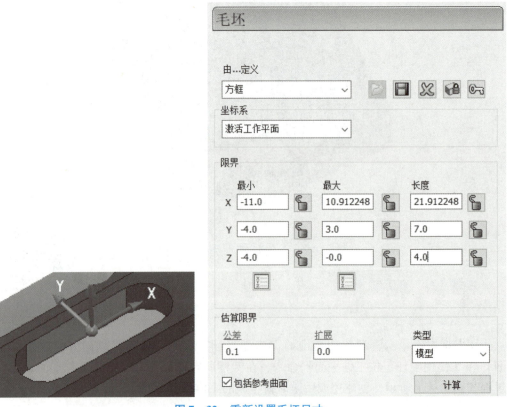

图 7-32 重新设置毛坯尺寸

在"等高精加工"对话框左侧的列表框中单击"刀具"选项，然后在右侧区域将刀具设置为"D6"，单击"等高精加工"选项，按照图 7-33 所示设置等高精加工参数。

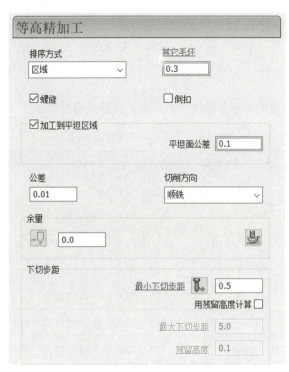

图 7-33 等高精加工参数设置

设置完以上参数后，单击 计算 按钮，系统会计算出图 7-34 所示的键槽精加工刀具路径。

零件的加工全部完成，对各刀具路径依次进行仿真加工，最终仿真结果如图 7-35 所示。

图 7-34 键槽精加工刀具路径

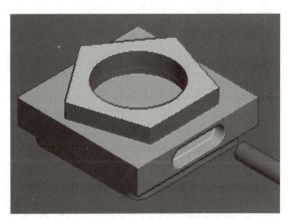

图 7-35 最终仿真结果

步骤 13 保存项目文件并生成 NC 程序

仿照前面项目的后处理方法生成 NC 程序。

步骤 14 NC 程序传输，数控机床加工

 项目评价

教师与学生评价表见附录。表 7-4 为本工件的质量评分表。

表 7-4 工件质量评分表（40 分）

序号	考核项目	考核内容及要求	配分	评分标准	检测结果	得分
1	孔/mm	3-Ø8 深 10（3 处）	4	超差 0.01 mm 扣 1 分		
2	上表面尺寸/mm	50（2 处）	4	超差 0.01 mm 扣 1 分		
		$45^{+0.019}_{0}$（2 处）	4	超差 0.01 mm 扣 1 分		
		R5.5（4 处）	4	超差 0.01 mm 扣 1 分		
		5	2	超差 0.01 mm 扣 1 分		
3	下表面尺寸/mm	五棱柱高 6	2	超差 0.01 mm 扣 1 分		
		孔 φ28.5	2	超差 0.01 mm 扣 1 分		
		孔深 8	2	超差 0.01 mm 扣 1 分		
4	三角型腔	32.65 mm	2	超差 0.01 mm 扣 1 分		
		22.94 mm	2	超差 0.01 mm 扣 1 分		
		深 $8^{-0.08}_{-0.1}$ mm	2	超差 0.01 mm 扣 1 分		
		60°	2	超差 0.01 mm 扣 1 分		
5	键槽/mm	15	2	超差 0.01 mm 扣 1 分		
		7	2	超差 0.01 mm 扣 1 分		
6	粗糙度/μm	Ra6.3	2	不合格不得分		
总分						

 项目练习

请同学们分组进行分析讨论，制定凸零件的加工工艺并填写表 7-5～表 7-7。按照制定的工艺，同学们完成凸零件的刀具路径并生成 NC 程序。

表 7-5 刀具卡

序号	刀具名称	用途	刀具半径/mm	备注

序号	刀具名称	用途	刀具半径/mm	备注

表 7-6　凸零件工步安排

工步	工步名称	加工区域	加工策略	加工刀具	公差/mm	余量/mm

表 7-7　进给与转速设置

进给与转速	主轴转速 /(r·min^{-1})	切削进给率 /(mm·min^{-1})	下切进给率 /(mm·min^{-1})	掠过进给率 /(mm·min^{-1})
粗加工				
精加工				

 知识链接

　　PowerMill 包含一系列的二维策略，这些策略是专门针对称为特征的几何元素设计的。这些几何元素通过线框（参考线或输入的模型）沿 Z 轴挤出，并被分类为凸台、型腔、槽、孔等。特征是一个独立的加工对象，为此它们都没有参照当前曲面/实体模型进行过切检查。特征显示为沿垂直连接上、下轮廓的三维形状，因此不能对特征阴影着色。下面重点介绍孔特征的设置及加工。

　　孔是一种通过点、圆圈、曲线或直接通过 CAD 模型数据定义的专门用于钻孔操作的特征。下面分别详细介绍创建特征孔的方法。

　　用鼠标右键单击资源管理器"孔特征集"树枝，弹出快捷菜单（包含"创建孔特征集"和"创建孔"两种方法），选择【创建孔特征集】命令，会出现一个名字为

"1"的孔特征集,用鼠标右键单击孔特征集"1",弹出孔特征集"1"的快捷菜单,如图 7-36 所示,再选择【创建孔】命令,就会弹出"创建孔"对话框,如图 7-37 所示。也可以直接在"孔特征集"快捷菜单中选择【创建孔】命令,直接弹出图 7-37 所示"创建孔"对话框。

图 7-36　创建孔特征

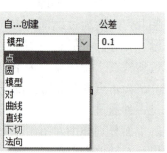

图 7-37　"创建孔"对话框

（1）名称根：为孔特征自定义一个名字。

（2）自...创建：PowerMill 为用户提供了 8 种创建方法，常用的是"点""圆""模型"。

1. 自"点"创建孔特征

用鼠标右键单击资源管理器中的"参考线"树枝，在快捷菜单中选择【曲线编辑器】选项，在绘图区绘制一个"圆"和一个"点"，单击"接受"按钮，完成图形绘制，如图 7 - 38 所示。

图 7 - 38　绘制的圆和点

用鼠标右键单击资源管理器中的"孔特征集"树枝，在快捷菜单中选择【创建孔】命令，选择自"点"创建，定义顶部和底部尺寸，在"顶部直径"编辑框中输入孔的参数，如图 7 - 39 所示，选中刚才绘制的"点"。

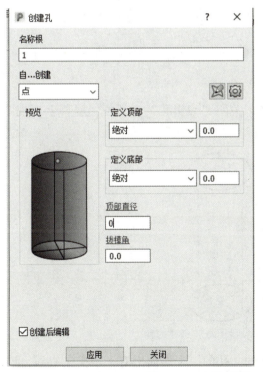

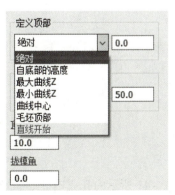

图 7 - 39　"创建孔"对话框

（1）定义顶部：指的是输入孔的顶部位置值，有"绝对""自底部的高度""最大曲线 Z"等方式。

（2）定义底部：指的是输入孔的底部位置值，有"绝对""自底部的高度""最大曲线 Z"等方式。

（3）顶部直径：孔的顶部直径值。

（4）拔模角：若拔模角为 0，则底部直径和顶部直径相同，若拔模角不为"0"，则是锥孔，同学们可以尝试输入拔模角为正值、负值，查看孔的形状。

勾选"创建后编辑"复选框，单击"应用"按钮，弹出"编辑孔"对话框，在该对话框中则既可以查看孔的形状，也可以对孔的形状进行编辑，如图 7-40 所示。

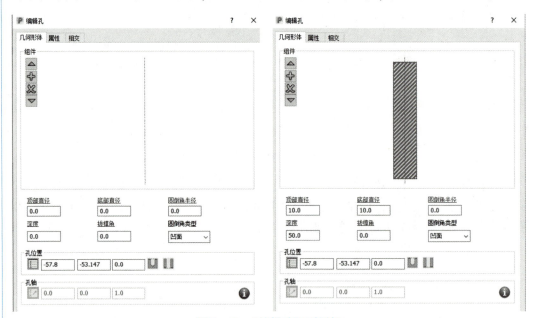

图 7-40 "编辑孔"对话框

设置顶部直径、底部直径和深度，关闭"编辑孔"对话框，屏幕上出现图 7-41 所示的孔。

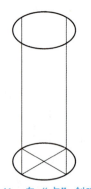

图 7-41 自"点"创建的孔

图 7-41 所示的孔是有正、反面的，孔的一个端面上有十字交叉直线，该面为孔的底面，另一个端面上有一白色的圆点，圆点在十字交叉线的上方，钻头从圆点开始

加工，直至十字交叉线处。如果孔的圆点在十字交叉线的下方，应对该孔进行反转，操作方法是用鼠标右键单击选中孔特征"1"，选择【编辑】→【反向已选孔】命令，如图7-42所示。反转后可生成图7-43所示的孔特征。

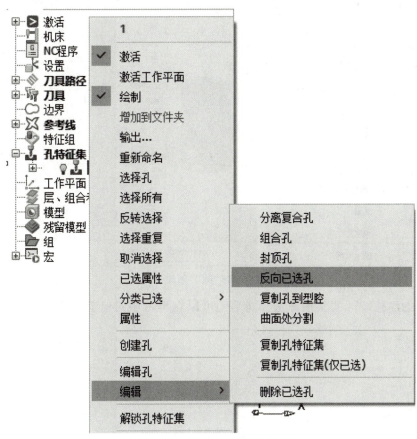

图7-42 【反向已选孔】命令

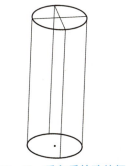

图7-43 反向后的孔特征

2. 自"圆"创建孔特征

自"圆"创建孔特征和自"点"创建孔特征的操作类似，选择前面步骤中绘制的圆，再创建一个新的孔特征集，如图7-44所示。

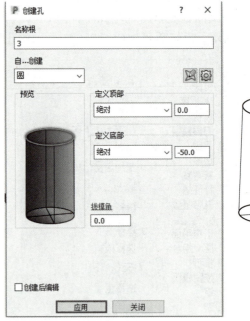

图 7-44　自"圆"创建孔特征

　　对于创建孔特征的其他方法，同学们可以在学习中自己尝试练习，本项目不再
赘述。

附　　录

	考核总成绩表			
	操作技能考核总成绩表			
序号	项目名称	配分	得分	备注
1	程序与工艺	20		
2	安全文明生产	20		
3	工件测量	40		
4	教师与学生评价	20		
	总分	100		

	程序与工艺评分表（20分）				
序号	考核项目	考核内容	配分	评分标准	得分
1	工艺制定	加工工艺制定合理	10	出错1次扣1分	
2	切削用量	切削用量选择合理	5	出错1次扣1分	
3	程序编制	程序正确合理	5	出错1次扣1分	

	安全文明生产评分表（20分）				
序号	项目	考核内容	配分	现场表现	得分
1		正确使用机床	5		
2		正确使用刀卡量具	5		
3	安全文明生产	工作场所5S	5		
4		设备维护保养	5		
		总分			

	工件测量评分表（40分）				
序号	考核项目	考核内容及要求	配分	评分标准	得分
1					
2					
3					
4					
5					
6					
		总分			

教师与学生评价表（20分）				
序号	考核项目	评价情况	配分	得分
1	学习小组长评分		5	
2	小组间评分		5	
3	教师评分		10	